国家地理
动物百科全书

ANIMAL
ENCYCLOPEDIA

鱼 类

硬骨鱼·辐鳍鱼

西班牙 Sol90 出版公司◎著

马韶仪◎译

山西出版传媒集团　山西人民出版社

目录
CATALOGUE
ANIMAL ENCYCLOPEDIA

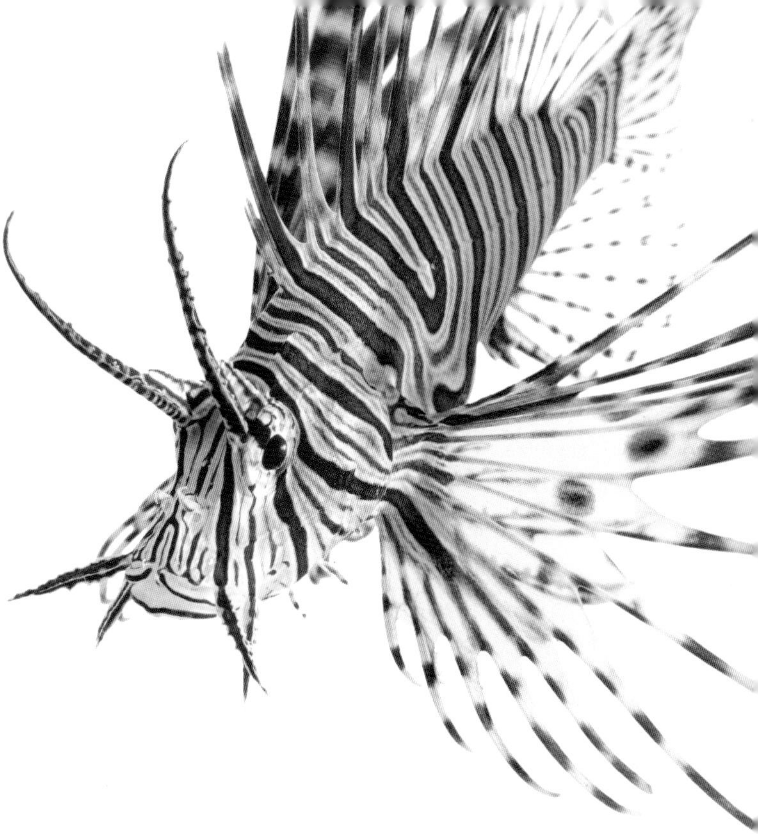

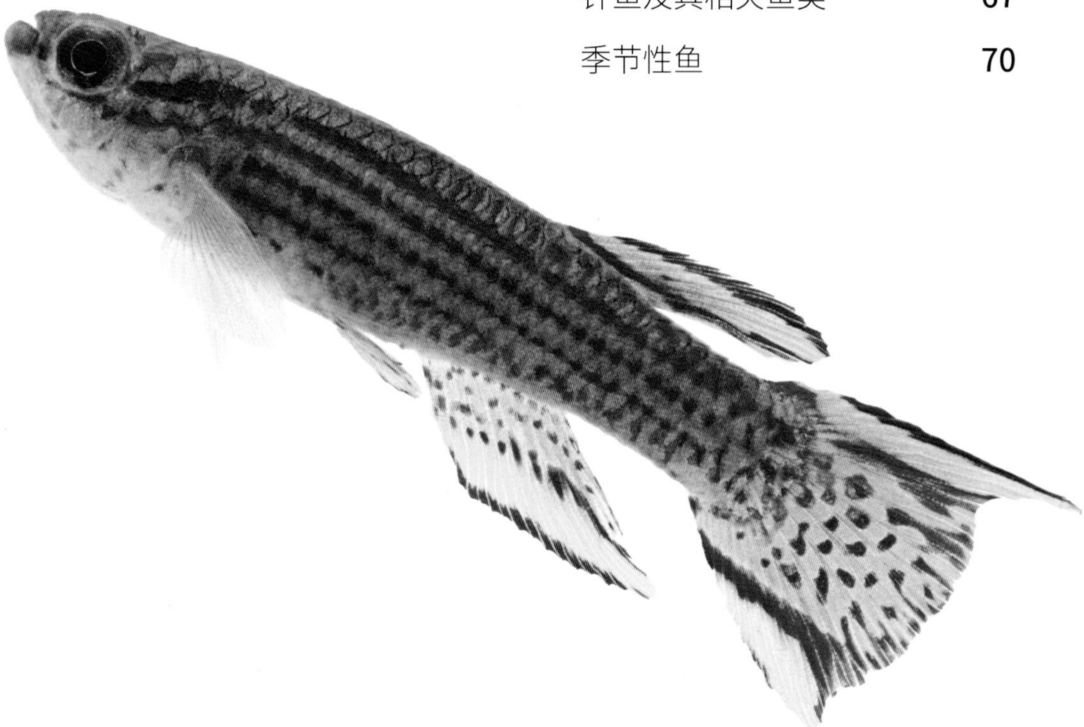

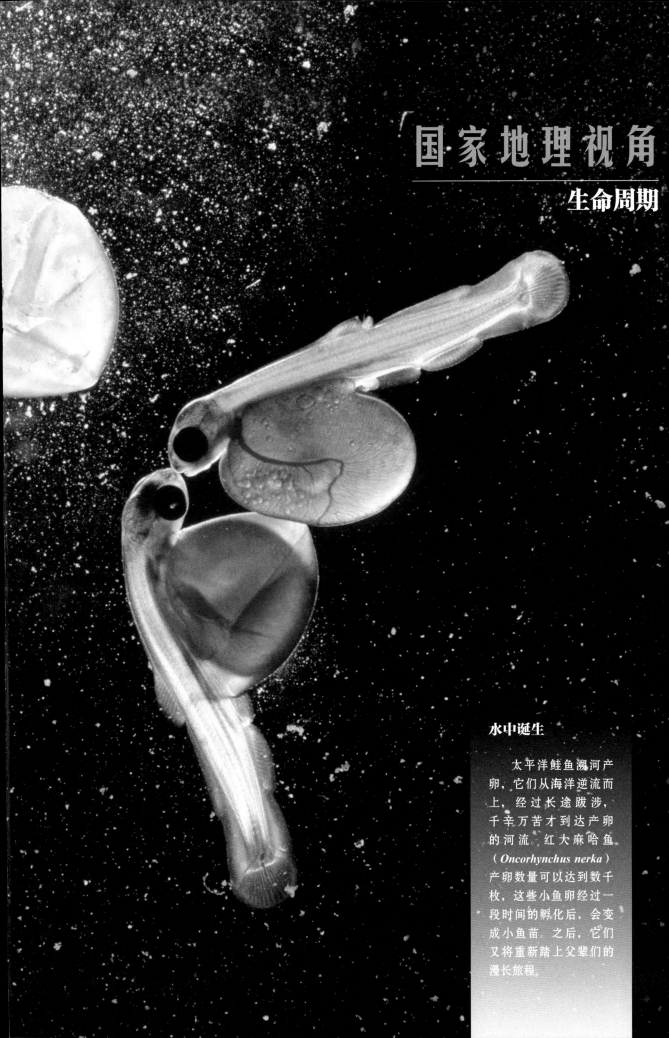

生命周期

水中诞生

太平洋鲑鱼溯河产卵，它们从海洋逆流而上，经过长途跋涉，千辛万苦才到达产卵的河流。红大麻哈鱼（*Oncorhynchus nerka*）产卵数量可以达到数千枚，这些小鱼卵经过一段时间的孵化后，会变成小鱼苗。之后，它们又将重新踏上父辈们的漫长旅程。

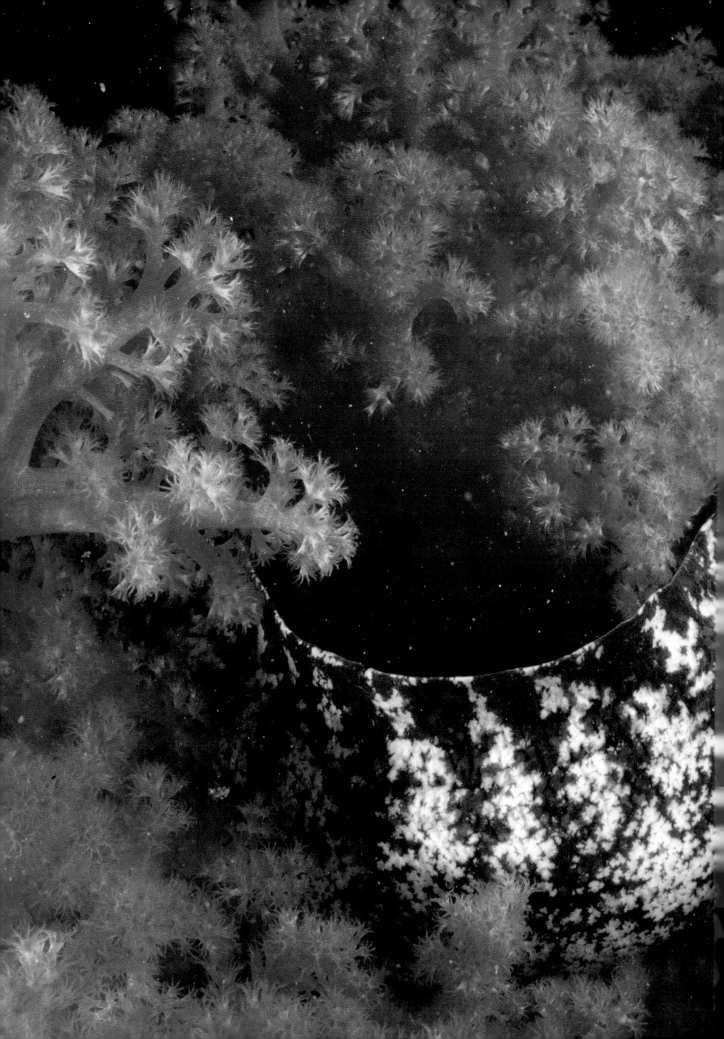

犹如蝰蛇

蠕纹裸胸鳝在日本近海海域软珊瑚之间穿梭游动。这种鱼在相模湾保护区的伊豆海洋公园十分常见。在那里还可以看到各式各样的水生生物，无论是海藻、鱿鱼还是有毒的鱼，应有尽有。

众志成城

　　远看像是一个球，细看又像是一团盘绕的绳子，再近看又好像是一种未知的海洋生物……其实，它们只是线纹鳗鲶（*Plotosus lineatus*）幼鱼聚集的鱼群。它们总是成群地移动，这样可以保护自己免受潜在捕食者的袭击。不过等到成年之后，它们就会分道扬镳，奔向各自的生活去了。

硬骨鱼类

虽然硬骨鱼类形色各异，但它们还是拥有区别于其他鱼类的共性。其中最重要的一点就是，骨骼全部或部分骨化。而且，还有能帮助它们在水中浮沉的特殊器官——鳔。

一般特征

由于骨骼的支撑和发达的肌肉可以满足硬骨鱼类不同习性所产生的需求，由此它们可以在水中任意畅游。它们拥有真皮演化而来的鳞片，用鳃呼吸，且绝大多数都有鳔。将近 1/3 的硬骨鱼栖居于淡水。

门：	脊索动物门
亚门：	脊椎动物亚门
总纲：	有颌类
纲：	2
目：	42
种：	26800

适应性
硬骨鱼的形态演变五花八门，鱼鳍种类繁多，这使得它们能够栖居于地球上几乎所有的水生环境中。

任意畅游

顾名思义，硬骨鱼的特点就是内部的整体骨架由真正的骨骼构成。鳐鱼和鲨鱼与此不同，它们没有完整的鳍，而是由特殊的鳍棘（鳞质鳍条）和肌肉组织来帮助它们在水中游动。此外，硬骨鱼类还拥有用于控制浮力的鳔。在底栖鱼类或深海鱼类中很难找到它们的同类。如果你看到它们体表有一层黏胶状的物质，不用奇怪，那是它们为减少摩擦力而分泌的黏液。它们的体形与生活习性息息相关，例如水中的游泳健将——金枪鱼（金枪鱼属）或者是三文鱼（鲑属）都是纺锤体形。然而，那些栖居在海底的鱼类，即底栖生物，例如比目鱼（无臂鳎属），则是典型的扁平体形。

感官

硬骨鱼在光线充足的水域生存，视觉是非常重要的。根据栖息环境以及习性的不同，硬骨鱼眼睛的位置也各不相同。有一些鱼的眼睛长在身体下方，比如绿边低眼鲶（*Hypophthalmus marginatus*）。另外，也有些鱼的眼睛镶嵌在表皮中，如柄眼鱼科的家族成员们。比目鱼的眼睛最初是位于身体两侧的，左右对称，而随着其成长发育，一边的眼睛会逐渐往头顶上移动，慢慢形成了两只眼睛在头部同一侧的情况。大部分鱼类都有辨别色彩的能力，听觉、触觉和嗅觉也十分发达，还可以通过鱼鳔发出并放大声音。

与其他脊椎动物相比，大多数鱼类的大脑相对于身体是偏小的。另一个重要的感觉器官是侧线，它与神经系统相连，可以探测水流和振动，还能够感知附近物体的移动。

分布

在地球上任何有水的地方，无论是海洋、咸水抑或是淡水环境，硬骨鱼的身影几乎无处不在。其分布的密度从回归线区域向两极区域递减。此外，海岸边的分布也极为密集，随着向远洋的深入，分布密度大大地降低。这要归因于海水的盐度、温度以及水流动态的变化。人类已经对物种的分布造成了影响，改变了原始的分布情况。像狮子鱼，就从印度洋、太平洋迁移到了加勒比海盆地。

翱翔蓑鲉
Pterois volitans

水中呼吸

硬骨鱼依靠片状鳃呼吸（高度血管化组织）。当水流动并通过鳃片时，它可以做气体交换。辐鳍鱼的鳃部被一整块骨片覆盖，即鳃盖骨，从而形成一个起到保护作用的腔。由于受到海平面周期性变化的影响，它们的鳃腔内长出了迷宫状或纤维状的辅助器官（如鲶科）。也有一些鱼类利用肠道吸收氧气（老鼠鱼和电鳗），还有些鱼类是通过皮肤进行呼吸的，像鳗鲡（鳗鲡属）。肺鱼类和多鳍鱼类可以进行肺式呼吸，根据种类的不同，其对肺的依赖程度也不尽相同。硬骨鱼的鼻孔与嘴或鳃没有连接。例如鳗鱼，吸气和呼气的通道是完全分开的。此外，呼吸器官还可用于排除氨，鳃的排泄量可以达到肾脏的10倍以上。

洄游

许多硬骨鱼会进行规律性的洄游，时间从一天到几年，距离从几米到几千千米不等。这些迁徙行为主要归因于觅食和繁衍的需求，不过也存在某些未知的原因。溯河产卵的鱼类会从咸水水域游到淡水水域进行繁衍，其中最著名的就要属三文鱼。刚出生的小鱼苗在小溪流的淡水环境里被孵化，然后奔向海洋栖居。多年以后，它们会再次回到自己出生的地方，繁衍下一代，然后在小溪中度过自己生命的最后时光。许多海

水鱼，比如金枪鱼，每年都会随海洋温度的变化由北往南洄游。还有一部分海水鱼，它们每天都会进行纵向洄游，夜间浮上水面觅食，之后再返回深海。淡水鱼类洄游的主要原因是繁衍生殖，距离通常较短，只是在河流与湖泊之间进行洄游。还有其他一些鱼类，按生态环境可分为两河洄游（在同一种水系中洄游）、远洋洄游（从海洋移栖至淡水）以及纯淡水洄游（仅在河流与湖泊中洄游）。

鳍片
辐鳍鱼类都具有鳍棘。相反，肉鳍鱼类的鳍更像是动物的四肢。

世界上最小的鱼

露比精灵灯（鲤鱼的远亲），学名 *Paedocypris progenetica*，属于淡水热带鲤科，原产于东南亚，被认为是全世界最小的脊椎动物。记载中雌性鱼最大的身长为10.3毫米，而雄性鱼最大的则是9.8毫米。雌性鱼拥有一个前臀鳍，这在硬骨鱼类中是非常独特的。世界上第二小的鱼是胖婴鱼（*Schindleria brevipinguis*），栖息于珊瑚礁上。

鱼类的小型化是一个非常明显的进化趋势。

色彩与生物光

鱼身颜色的作用包括：相同物种成员之间的识别，繁殖期吸引伴侣交配，为避免被攻击猎食而伪装成环境色并就此藏身。黑暗的深海水域中，发光器官可以满足颜色功能的需求。

深海之光

发光器官可以用于辨识伴侣，也可以作为一种伪装策略聚集成群（使其轮廓模糊），或是通过不停晃动的方式混淆捕食者们的判断，还可以作为陷阱引诱猎物。发光器发光的原理是身体上的变异腺体中贮藏着发光细菌，当这些细菌发生生化反应时，便会发出亮光。其他更加复杂的发光器官则是由发光细胞组成的。

皮质穗
这是经由背鳍鳍棘衍变而成的一种吸引器官。

眼睛
硬骨鱼的视网膜后部有一层特殊的细胞，被称为明毯，其功能是在几乎完全黑暗的环境下，反射光线使其增强以利于光感受器的接收。

75
发光器每分钟可闪烁75次。

多样性

发光器官可以作为诱饵（拟饵体）长在头部附近，突出的光点像前照灯一样，可以通过特殊的肌肉组织控制其活动。

多指鞭冠鮟鱇
Himantolophus groenlandicus
它的尾巴和鳍上都长有发光细胞。而且，它还有一个发光诱饵（拟饵体）用来吸引猎物。

树须鱼
Linophryne arborifera
发光诱饵（拟饵体）位于头顶部位，像有很多分支的大胡子一样，同样，它也可以发光来吸引猎物。

丝须深巨口鱼
深巨口鱼属
颜色很深邃，它的特征是全身都遍布着发光点。

约氏黑角鮟鱇
Melanocetus johnsonii
在水下可以发出非常强烈的蓝光，照射距离非常远，由发光细菌群产生光亮。

假眼
模仿成眼睛的色斑长在身体上，用于恐吓潜在的攻击者。

玻璃鱼
由于缺少色素沉着，一些鱼类的身体呈透明状，可以用于自我隐蔽。

色彩之源

鱼类的体色是由光的折射和色素细胞中的色素共同作用而形成的，红色和黄色是由类胡萝卜素生成的，荧光黄色则和黄酮有关，黑色、灰色以及褐色所对应的是黑色素。鳞片的金属光泽是由鸟嘌呤晶体沉淀而形成的。

色泽变换
许多物种可以改变自身的颜色。色素细胞中色素的变化会使鱼的体色变深或变浅。

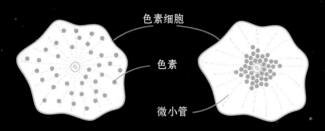

色素细胞

色素

微小管

Ⓐ 色散
色素弥散至细胞的边缘，使鱼的体色变暗。

Ⓑ 色聚
色素向细胞中心聚集，因此鱼的体色变亮。

色彩斑斓
鱼类的体色，既可以满足它们与同类沟通的需求，也可以帮助它们躲避捕食者们的袭击。大多数鱼类的体色非常柔和，这样有助于隐蔽，不过也有一些鱼类的体色非常鲜艳夺目。

花斑拟鳞鲀
Balistoides conspicillum

丝鳍线塘鳢
Nemateleotris magnifica

横带猪齿鱼
Choerodon fasciatus

线鮗
Gramma loreto

发光器官
发光器官以点状的形态分布在整个鱼身，它能够发光是因为荧光素的氧化，但是内部不产生热量。

适应性
深海鱼除了能发光之外，它们的嘴和牙齿都很大，这样可以帮助它们捕食在深海中为数不多的猎物。

胡须
下颌骨处挂着闪闪发光的、支链状的"大胡子"，每根胡须中都富含大量的生物发光器官。

30 米
在深海中，深海鱼发出的光在30米外都可以看到。

解剖结构

　　硬骨鱼与软骨鱼的区别是，它们的内骨骼全部或部分骨化，而软骨鱼的内骨骼由软骨组织构成。尾鳍的叶片通常呈对称状。大部分种类至少长有一个背鳍、一个臀鳍和两个胸鳍。它们的鳃被鳃盖骨遮护着，呼吸时像泵一样排出水流，不需要任何推动。它们的身体被柔韧的鳞片覆盖着，这些鳞片所分泌出的黏液可使它们更加灵活地在水中穿梭。

皮肤

　　硬骨鱼的皮肤是在水生环境中生存的第一道保护屏障，表面湿润，具有黏液腺，所分泌的黏液可以起到润滑剂的作用，能抵御外界有害物质侵袭，一些物种的黏液还有其他用途。比如鹦嘴鱼（鹦嘴鱼科）在夜间休息的时候会用类似黏液的分泌物把自己的身体包裹起来，像穿上了件睡衣一样，这层"睡衣"像是一层保护壳，保护它们不受靠嗅觉觅食的捕食者的侵袭。盘丽鱼（*Symphysodon discus*）的幼鱼以父母分泌的黏液为食。它们的身体有些是裸露的，有些则被柔韧的鳞片（硬鳞质或是齿鳞质）保护。

骨骼

　　硬骨鱼的骨骼一般是硬骨质，除了原始的鱼类，像中华鲟（鲟鱼属）的大部分骨骼由软骨组成，大致可分为颅骨、脊以及附肢骨鳍。颅骨用于保护大脑以及支撑颌骨和鳃弓。相反，像四足动物（两栖类动物、爬行类动物、鸟类和哺乳类动物）的椎骨数量在同一特定物种中都是各不相同的。鱼刺与鳍相连，是椎骨的延伸。肋骨也与椎骨相连，但鱼刺是由周围的肌肉纤维骨化形成的。鳃盖骨是覆盖在鳃腔外的一大块硬骨，呼吸时可以调节水流。通常，这种鱼的皮骨采用舌接型方式相关联，所以它们嘴部的活动能力非常强劲精准。牙齿也由骨质组成，当出现脱落或损坏的情况时，便会长出新的牙齿（只有少数的是例外）。

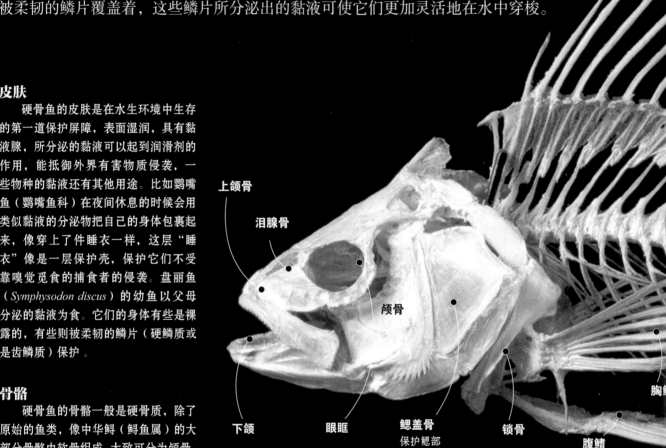

上颌骨　泪腺骨　颅骨　下颌　眼眶　鳃盖骨 保护鳃部　锁骨　腹鳍　胸鳍

　　全骨鱼和总鳍鱼的颅骨呈现出与四足动物同源的结构，而真骨鱼（已知的大多数鱼类都可以归为真骨鱼）的情况非常复杂，很难进行比较。

鳍

　　鳍是运动器官，也是身体的稳定器。辐鳍鱼类胸鳍和腹鳍呈辐射状，多鳍鱼属（一种原始鱼类）除外。肉鳍鱼类如美洲肺鱼（*Lepidosiren paradoxa*）的鳍是叶状的，呈纤维态。硬骨鱼类的尾鳍是正尾型等形状，虽然外部是两侧对称的，但在内部解剖结构中可以明显地看出两侧是不对称的，这种结构是由歪尾型尾鳍演变而来的。鱼鳍有或无叶瓣，所有有叶瓣的鳍外部都是对称的。真骨鱼类的一大特性是长有一对腹鳍、一对胸翅或胸鳍（双鳍均对称，位于身体两侧）以及一个或多个背鳍或臀鳍。我们可以根据腹鳍、胸鳍的不同位置将硬骨鱼分为四种类型：腹鳍腹位——腹鳍位于胸鳍后方；腹鳍胸位——两种类型的鳍位于同一高度或稍有参差；腹鳍喉位——胸鳍位置相对前移；无腹鳍——没有生长腹鳍。

　　硬骨鱼类可以根据鳍中是否有肌肉

或者骨骼，分为肉鳍鱼类和辐鳍鱼类。肺鱼和空棘鱼（肉鳍亚纲）的鳍是不含骨骼的。硬骨鱼类中辐鳍亚纲的鱼类，它们的鳍由一种软骨质的鳍棘或是鳍条支撑，这个亚纲中有一些物种具有软鳍条，而另一些物种则是硬骨质结构，包括鲉科、狮子鱼（狮子鱼属）、蝎子鱼（鲉属）以及魟鱼，它们的腺体内含有

致命的毒素。与软骨鱼类不同，硬骨鱼类鳍的多功能性让它们能以多种姿势自由移动，甚至可以倒退。胸鳍与颅骨之间是由颅骨上一个由多块骨骼构成的带状结构连接的。尾部末端有强壮有力的尾鳍，它在游动中起到了重要的身体导向作用。

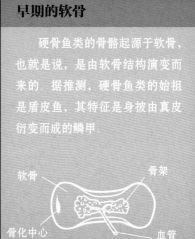

早期的软骨

硬骨鱼类的骨骼起源于软骨，也就是说，是由软骨结构演变而来的。据推测，硬骨鱼类的始祖是盾皮鱼，其特征是身披由真皮衍变而成的鳞甲。

软骨　　　　　骨架

骨化中心　　　血管

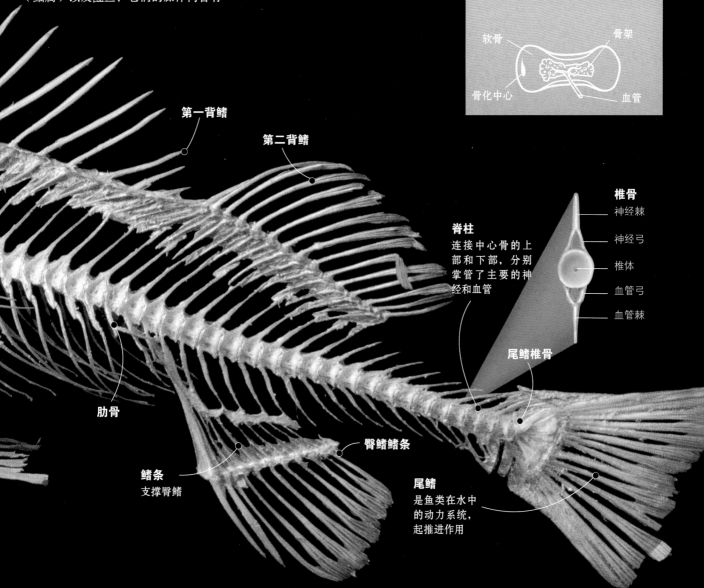

第一背鳍

第二背鳍

椎骨
- 神经棘
- 神经弓
- 椎体
- 血管弓
- 血管棘

脊柱
连接中心骨的上部和下部，分别掌管了主要的神经和血管

尾鳍椎骨

肋骨

鳍条
支撑臀鳍

臀鳍鳍条

尾鳍
是鱼类在水中的动力系统，起推进作用

牙齿

鱼类的牙齿多种多样，有笔直状、弯曲状、圆柱状、板状等形态。掠食性鱼类的牙齿很长，并指向后方。滤食鱼类的牙齿很小，但数量很多。当然，也有的鱼类没有长牙齿，例如海马。

鲇科鱼
牙齿具有过滤器的功能，每平方厘米可以长有超过200颗的牙齿。

淡水白鲳
它们的牙齿是近似圆形的，适用于咀嚼坚硬的植物。

肺鱼
肺鱼的牙齿呈板状，可以用来咀嚼螺类。

深海鱼
相对于身形来说，牙齿的尺寸很突出。

繁衍

水体是整个繁衍过程中最重要的因素。在这方面我们不必担心，因为硬骨鱼类已经占据了所有的内陆及海洋水域。虽然大多数鱼是卵生且体外受精的，但是卵胎生和胎生情况也很常见，这两种生殖方式属于体内受精。鱼类的交配模式多种多样，有些妻妾成群，有些则是父母一同等待它们孵化出来的孩子。

环境因素

虽然硬骨鱼类个体成年的标志就是雌性具备了繁殖功能或雄性生殖腺能够随机释放配子，但由于配子并不持续排出，因此为了保证它们的顺利结合及胚胎的发育，周围的环境也必须适宜。其中最重要的因素就是光照时长或光照周期、温度以及盐浓度，这些条件值应保持在一个特定的范围内。在高纬度地区，冬季和夏季的变化是十分显著的，因此那里的鱼类会调整自己内部的生物钟以适应全年环境的变化。相反，生活在热带地区的鱼类享有充足的阳光和温暖的环境，季节性变化只表现在雨季，那时内陆和海水水域的盐浓度会发生变化，河水流量剧增，外部物质会流入水生生态系统。在不利的条件下，一些物种可以延缓释放配子直至情况改善，或者暂时不释放生殖配子。

繁殖策略

为了确保后代的繁衍，硬骨鱼的繁殖策略各不相同。通常，生存在海洋环境中的鱼类产卵数量极大，卵子很小且呈晶体状，并随着水流漂浮，任由天敌决定自己的生死。庞大的鱼群在一起游动，雌鱼和雄鱼并不需要提前配对，就在水中释放自己的配子。比如，一条雌性大西洋鳕（*Gadus morhua*）释放的卵子多达 600 万枚，但是最终存活下来的不会超过 6 个。相反，近海鱼生长的地方水流湍急，它们的卵子通常带有黏性物质，可以附着在岩石、海藻类植物或是其他基质上。同时，为了产出更多的卵黄，它们会减少排卵数量，通过筑巢或是埋藏的方式确保繁殖。许多淡水鱼为了更好地保存并照顾下一代，会筑一个非常复杂的巢穴，让后代在巢穴中更好、更充分地发育。如同近海鱼类，它们有非常复杂的求偶交配过程和性别二态性标记。这些鱼类通常拥有非常艳丽的鳍片，以及强烈的领地意识。它们的卵子不会漂浮很久，通常会黏附在各式各样的基质上。还有许多鱼类，它们会将卵子吞进肚子里，直到成为幼鱼并可以自己觅食为止，例如丽鱼科的鱼种。

产后
卵子在水中漂浮（近海鱼）或是沉入水底（近海鱼和淡水鱼）。

幼苗基地

鲤科鱼类通过与双壳类软体动物中的珠蚌属和无齿蚌属共生来进行繁殖。黑龙江鳑鲏的雌性鱼拥有一个非常长的产卵管，可以将卵子投入到软体动物的呼吸孔中，与此同时，雄鱼释放精子。受精卵由双壳软体动物负责孵育直到孵化成功，之后幼鱼会黏附在双壳软体动物的鳃上，直到消耗完它们的卵黄储备。

共生还是寄生？
没有证据表明软体动物会从这种共生关系中获益，因为鱼的胚胎会与蚌类共享氧气，可能会对蚌类的鳃造成损伤。

雌雄同体

大多数的鱼类在它们整个生命的过程中都是单一性别的，但是也有一些鱼类可以改变性别或者在一段时间内拥有双重性别，这些鱼类大部分是海水鱼。例如，黑纹颊刺鱼（Genicanthus melanospilos），能够根据种群中的雌雄鱼比例，抑制或诱发个体或群体的变性现象。雌鱼和雄鱼各自的死亡率也可以引起性别的改变，这种变化会持续直至鱼群达到性别平衡为止。高翅鹦嘴鱼（Scarus altipinnis）的性别在发育过程中是可以改变的，它们的变化主要依据颜色来辨别，可以分为三期：幼年期（性休眠期）、初始期（通常是雌性）以及终期（这个阶段始终为雄性）。

初食

除了极罕见的情况外，大部分鱼苗的发育是依靠卵子中一种名为卵黄的物质。在孵化后的前几周，附着的胚胎会形成可以输送营养物质的卵黄囊，主要成分是糖、脂类、蛋白质以及幼鱼早期所需的营养成分。卵黄的量越大，新生鱼苗就越不依赖外界的食物供给。通常情况下，处在幼年期的小鱼以幼虫或是成年鱼食物中较小的营养物质为食。像盘丽鱼（Symphysodon discus）的小鱼苗们，它们以父母头部以及背鳍和尾鳍的根部产生的白色黏液为食。

父系繁殖

那些照顾幼鱼的鱼类必须控制受精卵数量，以便保证为幼鱼提供很好的照顾。它们通过筑巢（在基质上挖出凹陷的坑，编织草叶、气泡袋），利用自己身体（在头部、口腔、腹部、囊中）以及使用育儿袋（例如海马、尖嘴鱼）来照顾自己的后代。

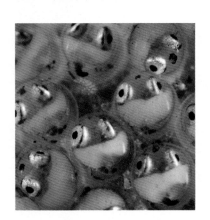

口孵
这是许多物种都具有的特征。它们将受精卵吸入口腔内或者放入咽囊中孵化，直到幼鱼被孵出。

习性

一些物种以鱼群或是个体的方式在浅滩游移，也有一些物种非常重视对自己领地的保护。在它们之间存在着共生或寄生的关系，它们当中有些鱼甚至还会与其他物种维持寄生关系，如爬行类动物以及海洋哺乳类动物。有一些鱼类采取"形影不离模式"，跟随一个特定的鱼种一起活动，以便从中获利。它们当中有一些是技术娴熟的结构建造师，甚至还会借助工具的力量，而且它们各具特色，可以利用技能躲避捕食者们的侵袭。

日常活动

一些硬骨鱼类整日都在不停地游动，像金枪鱼（金枪鱼属）。而有些鱼类大部分时间潜伏在海底保持着静态，列如石头鱼（毒鲉属）和鲽形目中的比目鱼。有些鱼类在白天会非常活跃，比如蝴蝶鱼（蝴蝶鱼科）和鹦嘴鱼（鹦嘴鱼科）在白天进行活动，但像海鳝（海鳝亚科），它们的活动时间则是夜晚。

社交与组织机构

大量种类不同的硬骨鱼以协作的方式聚集在一起游动。通过这样的方式组成庞大的鱼群是它们各取所需的一种策略，但最主要的是这种方式可以帮助它们躲避捕食者的侵袭。当身处大型鱼群中时，个体被攻击的概率会大大降低。

由小鱼们组成的巨大鱼群看上去就像是一个体形庞大的动物，令捕食者产生疑惑，望而却步。同样，鱼群一起行动会产生水动力，有助于鱼群里面鱼儿的游动。此外，这样也会提高个体生殖的成功率，食物的供给也有了保证。关于它们的社会组织也是多种多样的。在许多隆头鱼（隆头鱼科）品种中，社会团体是由一条固定的雄鱼配上多条雌鱼组成的。相反，大多数硬骨鱼类的捕食者，像石斑鱼（鮨科），在一年大部分的时间里，它们都是独居状态，只有在繁衍生殖的时候才聚集到一起。

领地行为

不同鱼类之间对待此事的态度各不相同，总体来看，鱼类对自身领地的捍卫力度与其身形大小是无关的。例如，雀鲷（雀鲷鱼科）是鱼类中相对较小的品种，但面对体形大得多的石斑鱼（鮨科）的进犯，它们就会变成最英勇的领地捍卫者，击退入侵者。

许多真骨鱼类在进行攻击行为、生殖繁衍行为、社交行为以及领土保护行为时，都会发出声音。一些鱼类，当它们感到自己的鱼鳔因为其他因素产生振动的时候，它们会做出"咬牙切齿"的动作并吱嘎作响。同时，它们会收紧肌肉组织。鱼类发出的声音大部分不会超过1万赫兹。

工具的使用

一些鱼类具有使用工具的本领，只是在技能发展上没有哺乳动物或是鸟类娴熟。比如，白眶锯雀鲷（*Stegastes leucorus*）会把它们的受精卵储藏在岩石壁的垂直面内。在此之前，它们会先清理岩石表面，然后用嘴叼来沙土喷洒在壁面上。饰纹布琼丽鱼（*Bujurquina vittata*）将它们的受精卵安放在柔软的叶片上。当危险来临前，它们会迅速地叼起叶子的一端，将它们的"宝贝"移至更深处。黄首海猪鱼（*Halichoeres garnoti*）、红喉盔鱼（*Coris aygula*）以及其他物种，会使用石头攻击甚至杀死它们的猎物（海胆）。

共生关系

一些物种可以给其他物种提供"清洁服务"。裂唇鱼（*Labroides dimidiatus*）以大型鱼类皮肤上的食物残渣和寄生虫为食。短鳉鱼（鲫科）黏附在海龟、鲨鱼和鲸上面，以它们吃剩的食物以及寄生虫们为食。小丑鱼（雀鲷科）在海葵触角的保护下生活，这样可以减少被强大捕食者们袭击的可能。

鱼群
集体游动有很多的好处，可以
很好地抵御敌人的袭击并保护
自己的领地

鱼群

　　鱼类可以组成庞大的鱼群，鱼群
可以整齐地朝同一个方向移动。有些
鱼群是同一种鱼类组成的，也有一些
鱼群是由不同种类的鱼组成的。

队列
鱼儿们寻找个体特征相似的
同类组成鱼群。这种同化现
象不会让鱼群中的个体显得
突出、引人注意。

警告标志
在捕食者出现的时候，鱼群
中的一个成员会突然转向，
在水中产生压力波，以便让
同伴们有所察觉。

转向
鱼群中成员们反应和移动的速
度很快，而且步调一致。这样
可以迷惑侵袭者从而使大量成
员得以逃脱。

科与种

硬骨鱼纲有两个亚纲：辐鳍鱼类（广泛分布在淡水及海水水域），

以及肉鳍鱼类（或称为叶鳍鱼类，包括总鳍鱼类和肺鱼类）。

鲟鱼及其他

门：	脊索动物门
纲：	辐鳍鱼纲
目：	3
科：	3
种：	48

鲟鱼可分为 3 目：雀鳝目、鲟形目以及多鳍鱼目。雀鳝目中包括蜥蜴鱼，它被认为是最原始的具有骨骼的鱼类。鲟形目中有鲟鱼和匙吻鲟，它们身体的大部分骨骼都是软骨。多鳍鱼目中最具代表性的是来自非洲河流及湖泊中身形较为细长的恐龙鱼。

Lepisosteus osseus
长吻雀鳝

体长：0.6~1.83 米
体重：18~23 千克
保护状况：未评估
分布范围：北美洲的加拿大至墨西哥海域

　　长吻雀鳝的身材修长优雅，身体背面为橄榄褐色，腹部为白色，全身及鳍片上布满深色斑点。具有性别二态性：相较于雄鱼，雌鱼体形更大，体态更圆润。它们的捕食行为总是在深夜进行，会一动不动地等待猎物，捕食对象包括甲壳类动物、软体动物以及鱼类。此类鱼大部分栖居在平静的河流或是水生植物丰富的池塘中。如果水中的溶氧量过低，它们会使用鱼鳔进行呼吸。雌鱼喜欢在水面上游动，这样便于它们排卵，每千克卵子数量可达到 8000 枚，在产出一周后孵化。初期，小鱼苗们会依附在水生植物上，以昆虫和微小的无脊椎动物为食。之后，随着食量的增加，它们也会进食鱼类，甚至包括自己的同类。一年之后，它们的身长可以长到 30 厘米。寿命在 17~20 年之间。

特性
长吻雀鳝有着非常大的眼睛，长长的吻部布满了锋利的牙齿。

护身
长吻雀鳝全身覆盖着不重叠的硬鳞。

身形
此科鱼类的特点是身形细长，体态优雅。

Atractosteus spatula
鳄雀鳝

体长：3~3.5 米
体重：100~137 千克
保护状况：未评估
分布范围：北美洲东南部

　　鳄雀鳝上颚处长有两排锋利的牙齿，主要以其他鱼类为食，也吃蟹类、虾类、龟类、鸟类以及小型哺乳动物。栖居在河流下游、河口地带以及小的湖泊中。

Lepisosteus oculatus
眼斑雀鳝

体长：50~76 厘米
体重：1.8~2.7 千克
保护状况：未评估
分布范围：北美洲东南部

　　眼斑雀鳝全身长有深色斑点，以鱼类和浅水中的甲壳类动物为食。成鱼几乎没有天敌。雌鱼可以和多条雄鱼繁衍后代，它们会在水生植物上产卵，产出的鱼卵大约有 1.3 万枚，有黏性，可以黏附在叶片上。气温对它们的行动影响很大，当春夏气温升高时，它们会在水中活动。

Erpetoichthys calabaricus
芦鳗

体长：33~37 厘米
体重：22~27 克
保护状况：濒危
分布范围：非洲西部的尼日利亚至刚果

　　芦鳗的身形像绳索一样又长又窄，像蛇一样游动，身体呈棕色，头部长有两个较小的鳍。芦鳗虽居于淡水水域，但也适应沿海咸水水域。它们喜欢栖息在温度 22~28 摄氏度之间、水流缓慢的淡水水域。它们可以通过双肺呼吸空气，因此能够在含氧量低的环境下生存，甚至可以短时间内离开水域生存。它们喜欢独居，并栖息在灯芯草或是芦苇丛中，通常在晚间觅食。以捕食甲壳动物幼虫与昆虫为生，嗅觉非常灵敏。它们常常徘徊在水面附近，一旦遇到敌人攻击，就可以跳出水面逃生。由于农业的发展和城市的扩张，芦鳗逐渐丧失了非洲沿海森林及内陆地区的栖息地，濒临灭绝。

Huso huso
欧洲鳇

体长：3~6 米
体重：800~2700 千克
保护状况：极危
分布范围：东欧和西亚

　　欧洲鳇体色为浅灰色，头部和腹部为白色。它有一个呈三角状且上翘的小巧吻突，这是它相对于其身材的较突出特征。一张大口位于吻的下方，口前长有四条触须。欧洲鳇是一个凶猛的捕食者，以其他鱼类为食。它的生长速度十分缓慢，最大的活体标本存活了 150 年，体长 6 米。生殖周期每 3~4 年循环一次。它是全世界淡水鱼中体形最大的鱼类之一，每年春季、秋季开始从海洋到河流的溯河产卵洄游。10~18 岁可达性成熟。由于过度捕捞（由其鱼卵做成的鱼子酱价值连城），此种鱼类的数量已经急剧减少，现多国政府已经联手对此采取限制措施。

外观
轮廓为半月形，背部有一条浅色带条贯穿全身。

名称和颜色
"白鲸"这个词是由俄语衍生过来的，意为白色。

Lepisosteus platyrhincus
佛罗里达雀鳝

体长：0.49~1.3 米
体重：73~96 千克
保护状况：未评估
分布范围：北美洲东南部

　　佛罗里达雀鳝的吻突与其同类相比，显得短小精悍，全身布满了黑色不规则斑点，身体、头部甚至鱼鳍都近似圆形。栖息在沙质底的池塘、湖泊、平缓的河川以及浅水水域，喜近水生植物。成年鱼以鱼类、虾类、蟹类为食，而幼鱼以浮游生物为食。繁衍后代时会聚集在一起。

Huso dauricus
达氏鳇

体长：3.5~5.6 米
体重：250~1000 千克
保护状况：极危
分布范围：东亚

　　达氏鳇体色为绿色或深黄色，腹面为灰白色。头部略呈三角形，眼小。达氏鳇是现存的鲟鱼之中体积较大的品种之一。它们的习性和外观与欧洲鳇（*Huso huso*）相似。生活在中国和俄罗斯的江河流域，但每年会在日本海沿岸度过一段时间。洄游方式有两种，一种向江河（淡水），另一种向河口。

保护状况
由于肥料和采矿废渣的排放以及过度捕捞（主要是为了出售其肉类及制作鱼子酱），它们赖以生存的江河环境遭到污染，濒临灭绝。

Acipenser gueldenstaedtii
金龙王鲟

体长：2.2~2.4 米
体重：65~115 千克
保护状况：极危
分布范围：东欧和西亚

　　金龙王鲟比起其他鲟类，它们的吻短而钝。触须（胡子）位于吻端与口之间，更近吻端。体色为蓝色和黑色，头部颜色较浅，腹部为淡黄色。寿命可达 48 岁，但如今由于过度捕捞，它们的平均寿命只有 38 岁。以底栖软体动物、甲壳类动物的幼虫以及小型鱼类为食。每年洄游两次，从海洋到河流。

Acipenser transmontanus
高首鲟

体长：4~6.1 米
体重：600~816 千克
保护状况：无危
分布范围：北美洲西北部

高首鲟背部颜色由灰色趋于蓝黑色，体侧为浅灰色，腹部呈白色。它们的吻突扁平钝圆，且上翘，是南美洲淡水鱼类中最大的品种，身形仅次于欧洲鳇和鲟蝗鱼。敏锐的嗅觉可帮助它们捕食猎物，以七鳃鳗及其他鱼类、甲壳类动物和软体动物为食。

最长寿命可达 106 岁。它们在河中产卵，其余时间均生活在远海或是咸水水域。雌鱼性成熟年龄为 11~34 岁，每 4~11 年繁殖一次。虽然它们性成熟期比较晚，但每次的产卵量是非常多的，不过因修建水坝以及沙石开采而造成的河道堵塞使得它们的繁殖也受到了影响。

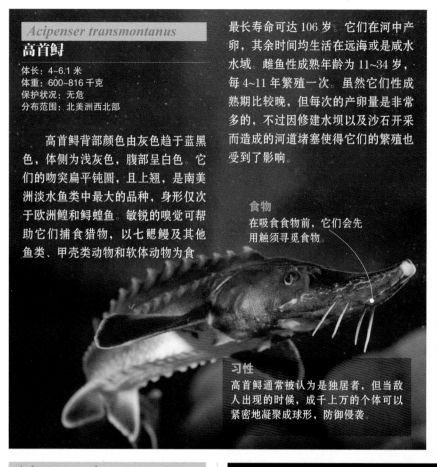

食物
在吸食食物前，它们会先用触须寻觅食物。

习性
高首鲟通常被认为是独居者，但当敌人出现的时候，成千上万的个体可以紧密地凝聚成球形，防御侵袭。

Acipenser brevirostrum
短吻鲟

体长：0.97~1.4 米
体重：18~23 千克
保护状况：易危
分布范围：北美洲东北部

短吻鲟是在北美洲东部栖居的三种鲟鱼中体形最小的。体色呈灰色，侧面有一条白线。吻很短，且上翘，主要以软体动物和甲壳类动物为食，鲨鱼是它们的天敌。雌鱼的寿命可达 70 岁，但是雄鱼几乎很少活过 30 岁。它们的性成熟时期受水温影响，水温越低成熟期越晚。

Acipenser ruthenus
小体鲟

体长：1~1.2 米
体重：11~16 千克
保护状况：易危
分布范围：东欧和亚洲的西北部（俄罗斯）

小体鲟身体大部分为灰色，侧腹为白色，尾鳍颜色由浅灰趋向于黑色，背部长有像城垛一样的骨板。栖息于深水河流的底部，利用海岸边强大的水流摄取食物，以底栖昆虫的幼虫以及土壤中蠕动的软体动物为食。基本上是定居的，繁衍时不会远距离（200~300 千米）洄游。

Acipenser sturio
欧洲鲟

体长：4~5 米
体重：330~400 千克
保护状况：极危
分布范围：欧洲和中东

欧洲鲟体色由灰褐色变化至蓝黑色，腹部呈白色。吻突长且尖，下唇中部分裂。以软体动物、蠕虫、甲壳类动物以及小型鱼类为食。一生中大部分时间栖居在海洋中，只有在生殖繁衍后代的时候才会洄游至河流一段时间，在此期间不进食。雌鱼产卵量在 20 万~600 万之间，产出的卵具有黏性，可以黏附在水下砾石底部，那里水质的含氧量较高。新生鱼苗在出生 10 天内是不进食外来食物的。自 19 世纪以来，由于鱼子酱的消费而引起的过度捕捞以及堤坝的建设活动，对它们的生命已经造成了威胁。而且它们自身非常缓慢的生长速度，也使其生存状况非常危险。

身体
无鳞片，具骨板

嘴
呈铲形，端部有 4 条触须并排排列。

生殖
经过一年的成长，幼鱼移居至河口，然后奔向大海，在那里用 10~18 年的时间成长，直至性成熟

Acipenser fulvescens
湖鲟

体长：2.8~3.1 米
体重：160~190 千克
保护状况：无危
分布范围：北美洲北部

湖鲟体色由橄榄褐色渐趋向石板灰色。腹部为白色，侧腹有清晰的条纹。湖鲟吻的边缘通常为白色。一般栖息在水深 5~9 米的淤泥、沙砾基质的湖底或河底。以昆虫幼体、蠕虫（包括水蛭）、小型鱼类以及底部的生物体为食。它们对食物的吸食是具有部分选择性的，因为它们会有多次重复把食物喷出并卷回的行为。由于移动缓慢，因此长期停留在底部。性成熟年龄为 20 岁（雄性）或 26 岁（雌性）。偶尔生活在入海口的咸水水域，但是不会进入海洋。它是唯一一种在北美的大型湖泊中常见的鲟鱼种类。

形态
湖鲟的吻很宽，呈弯曲的铲形，这样便于它在水底翻找食物。

适应
触须或胡须是湖鲟的感觉器官，用于探寻食物，具有许多味蕾，并通过它们将食物送入口中。

Psephurus gladius
白鲟

体长：3 米
体重：300 千克
保护状况：极危
分布范围：中国

白鲟由于吻类似长鼻子，故也被称为象鱼。全身光滑且呈灰色，腹部为白色。鱼吻笔直，占据了总身长的 1/3。它们会在海洋中生活一段时间，之后溯江回到长江产卵。有时它们也会在大型的湖泊里活动。以小鱼、蟹类以及虾类为食。需要 8 年时间达到性成熟，并且身长要达到 2 米，体重 25 千克。

保护状况
过度捕捞使白鲟濒临灭绝。堤坝的建设切断了它们洄游的道路，并且由于需要很长时间才可达到性成熟期，这就使得它们的处境更加艰难，很难恢复。

Acipenser stellatus
闪光鲟

体长：1.8~2.2 米
体重：60~70 千克
保护状况：极危
分布范围：东欧和西亚

闪光鲟的头与吻占据了总身长的 1/4，吻很长，呈扁平状，且尖端上翘。触须位于嘴附近，其表面很光滑。体色为黑蓝色，背棘与侧面呈白色，它的名字源于身上的斑形。既可以在海中产卵，也可以在河流中产卵，具有两种洄游方式，可以从淡水到咸水，也可以从咸水到淡水。

Amia calva
弓鳍鱼

体长：0.9~1 米
体重：5~6 千克
保护状况：无危
分布范围：北美洲东部

弓鳍鱼被认为是中生代时期淡水鱼类的活化石。身形很宽，一张大口内布满了锋利的牙齿，头部无鳞片。身体为浅绿色或金黄色，有深色斑点。这些斑纹覆盖在身体两侧，尾鳍根部有被橘黄色轮线围起的黑斑。在交配时鱼鳍会变为绿色。栖居在湖中或是池塘里，以节肢动物和小型脊椎动物为食，比如昆虫和鱼类。它们用牙齿筑起一个圆形的泥巢，让雌鱼将卵产在里面。雄鱼们夜以继日地保卫着自己的孩子们不受侵袭，8 天后，小鱼苗们就会在巢穴附近聚集成团，并一起度过 9 天的时光。

生存
弓鳍鱼在离开水环境之后的 24 小时内是可以继续存活的，此时它们用嘴呼吸，有大量血管的鳔可以像肺一样做气体交换。

巨骨舌鱼及其亲缘鱼类

| 门：脊索动物门 |
| 纲：辐鳍鱼纲 |
| 目：骨舌鱼目 |
| 科：6 |
| 种：217 |

这类鱼的成员们都是热带淡水鱼。它们的头很大，并被骨板覆盖。背鳍和臀鳍位于身体后部，尾鳍显得小巧圆润。此类鱼大部分的鱼鳔和内耳不相连，它们以鱼类为食，利用舌头上的突起咬住食物。

Osteoglossum bicirrhosum
双须骨舌鱼

体长：55~62 厘米
体重：0.6~2 千克
保护状况：无危
分布范围：巴西及其邻国

　　双须骨舌鱼的身体和头部两侧像是被压扁了一样，且口角向上倾斜。鱼体被鳞片覆盖；体色从褐色至淡黄色不等，可反射七色彩虹之光。头部为棕色，下巴上长有两条短触须，径直向前，具有触觉功能，当发现危险情况时，也可以从水中摄取氧气。它们的繁殖期大约是在 10 月至次年 2 月之间，受精方式为体外受精，雌鱼可产 100~350 枚卵。一旦成功受精，雄鱼就会把受精卵放入口中加以保护，受精卵也由此获得成长发育所需要的环境。因为刚出生的小鱼苗不能游泳，所以仍被雄鱼保护在口中，直到它们的身长长到接近 5 厘米时，雄鱼才会逐步放幼鱼出去，在自己的保护范围内游玩，让它们捕食一些蚊虫的幼虫以及其他小的生物体。但当它们遇到危险时，雄鱼们会把幼鱼召集回来，并保护在口腔内。据推测，双须骨舌鱼对孩子们这种无微不至的照顾会持续到它们长大成熟，双须骨舌鱼的这种行为也是由雌鱼的产卵量较少造成的，通过这样的方式它们可以更好地保护下一代平安成长。它们栖居在平静的水生环境之中，深度较浅，可在水面处游动。

贸易
在经济上占有一定的比重，可通过人工捕捞的形式获取，尤其是当河流涨潮的时候是捕捞旺季。它们偏爱栖居在被水灌溉的丛林地区。

鳍
臀鳍、尾鳍和背鳍像是连成了一条线。

嘴
口角向上倾斜，口形巨大。

Arapaima gigas
巨骨舌鱼

体长：3 米
体重：200 千克
保护状况：数据不足
分布范围：南美洲亚马孙流域

　　巨骨舌鱼是亚马孙淡水流域中体形最大的有鳞鱼类之一，栖居在湖泊、池塘以及其他水流缓慢的浅水流域。在这些浅水河滩上长有大量浮动的水生植物，可以把整个水面覆盖。它们的身体呈椭圆形，相对于整个身体，头部偏小，通体被大而厚的摆线式鳞片覆盖。胸鳍与腹鳍是分离的，而背鳍和臀鳍的位置与尾鳍接近。全身的主色调为浅棕色，头部和背部为黑褐色，身体后半部的腹鳞及周边为暗红色；腹鳍上长有黑黄色的不规则波浪状的斑纹；背鳍、臀鳍和尾鳍也长有浅色的斑点。它们是肉食性动物，主要以小型鱼类为食。

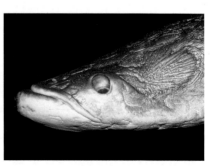

Scleropages formosus

过背金龙鱼

体长：70~90 厘米
体重：12~20 千克
保护状况：濒危
分布范围：东南亚

大鳞片
横向长有5排鳞片，每排约有21~25个。

过背金龙鱼栖居在平静的小湖中。偏爱阴暗的地方，喜欢在水面附近游动，并寻找浮动的水生植物作为保护伞。体侧面扁平。嘴很大，下嘴唇下有两根小小的触须和鳞片。体色根据它们的生存环境而定，可以是银绿色、黄铜色以及其他金属色。它们以多种无脊椎动物为食。可在浅水水底捕食猎物，还可以跳出水面，捕食岸边或者植物枝叶上停留的昆虫。它们可以跳出水面1米多高。几乎无性别二态性，

雄鱼身形稍稍偏瘦，嘴较大，用于孵卵，孵卵时间为 5~6 个星期。由于特殊的外形，它们成了水族馆中非常受欢迎的一种鱼。

Scleropages jardinii

乔氏硬骨舌鱼

体长：0.45~0.9 米
体重：无数据
保护状况：未评估
分布范围：亚洲和大洋洲

乔氏硬骨舌鱼体色介于银色与金黄色两种色调之间。一些鳞片上可见淡红色或橙色半月形斑纹，尾鳍、背鳍和臀鳍颜色较深。栖居在温暖安静的淡水中，也可生活在靠近岸边且具有丰富水生植物的沼泽中。它们在水面附近觅食，捕食一些小型鱼类、各种各样的昆虫、甲壳类动物以及青蛙。

Campylomoryrus curvirostris

弧吻弯颌象鼻鱼

体长：0.45 米
体重：无数据
保护状况：无危
分布范围：非洲中部

弧吻弯颌象鼻鱼的下唇向下延伸，形状似鸟类的喙，向外突出，向下的弯曲度非常明显，便于用来搜寻隐藏在河底的食物——无脊椎动物，这几乎成了它们的专属。栖居在非洲温暖的河流中。由于河面上悬浮着大量的物质，因此河水非常浑浊。这样的环境使得它们的感官神经进化得非常灵敏，通过触觉终端以及吻末端细小开口中的味觉神经来探索周围环境。相反，它们的视觉就没有那么发达了。体色大致为棕褐色，主色为铅灰色。身体侧面可见一条横向乳白色的侧线，将身体分为两个部分，上半部分为棕色和浅灰色，底部颜色更深一点。背鳍和臀鳍位置偏后。

Pantodon buchholzi

齿蝶鱼

体长：12 厘米
体重：40~150 克
保护状况：无危
分布范围：非洲中部和西部

齿蝶鱼身体上半部扁平，下半部两侧在腹部交汇，呈尖利状，像一艘小艇。一张大嘴位于鱼身上部，臀鳍很大。腹部挂着四根奇特且细长的丝状鳍棘。栖居在温暖的淡水中，在所生活的同一条河流中的不同区域洄游。可以跳出水面捕捉昆虫。

Mormyrus kannume

卡氏长颌鱼

体长：0.6 米
体重：0.5~2 千克
保护状况：无危
分布范围：非洲，主要在维多利亚湖及周边

卡氏长颌鱼吻细长，微微向下倾斜。体色主要为棕色，脸部发白，底部有一条狭长的乳白色带状物。背鳍向后延长直至接近尾部。虽然它们身长大约为 70 厘米，但还是可以潜入深水中。由于河流的能见度欠佳，因此它们使用复杂的机制觅食，就是利用一个位于尾柄部的特殊器官发出微弱电流，在身边近距离内形成一个带电区域，一旦有猎物进入其中，就可以通过尾鳍底部与颅神经相连的接收器感知电流的震动，察觉猎物的行踪。

鳗鲡鱼

门：	脊索动物门
纲：	辐鳍鱼纲
目：	鳗鲡目
科：	**15**
种：	**738**

此类包括鳗鲡、海鳝及康吉鳗。大部分鱼种都是海洋鱼类，仅有几种栖居于淡水。它们的身形纤细，像蛇一样，有超过 500 节椎骨。通常不长鳞片，但有些有筋条状物质。牙齿整齐地排列在口中，无腹鳍。

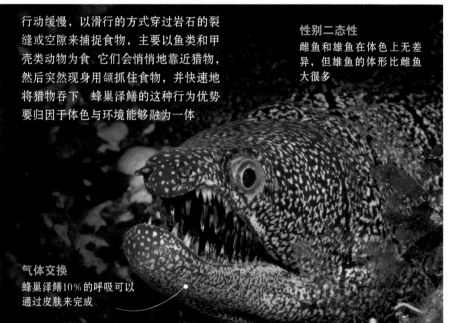

Enchelycore ramosa
蜂巢泽鳝

体长：1.5 米
体重：10~15 千克
保护状况：未评估
分布范围：太平洋南部

蜂巢泽鳝的嘴很长并且向下弯曲，牙齿像针一样，即使嘴巴闭起来，也能看到牙齿。体色从灰白色至绿色或黄色不等，并配有黑色或深棕色网格图案，也因此外形而得名蜂巢泽鳝。它们栖居在亚热带至温带的广阔水域中，从复活节岛至澳洲的珊瑚礁和岩礁环境中都有分布。适宜水温在 21~27 摄氏度。它们把海底的空腔当作自己藏身的洞穴

行动缓慢，以滑行的方式穿过岩石的裂缝或空隙来捕捉食物，主要以鱼类和甲壳类动物为食。它们会悄悄地靠近猎物，然后突然现身用颌抓住食物，并快速地将猎物吞下。蜂巢泽鳝的这种行为优势要归因于体色与环境能够融为一体

气体交换
蜂巢泽鳝10%的呼吸可以通过皮肤来完成。

性别二态性
雌鱼和雄鱼在体色上无差异，但雄鱼的体形比雌鱼大很多。

Enchelycore pardalis
豹纹泽鳝

体长：92 厘米
体重：5.5~7 千克
保护状况：未评估
分布范围：印度洋和太平洋西部

豹纹泽鳝的头部与颌部狭长，这种外观是为适应在狭窄岩缝中的捕食活动而形成的。向内弯曲的锋利牙齿使得它们可以更高效地抓住猎物。体表为橙色，且分布着黑色斑点。眼睛处有两个橙色的突起（鼻孔）。它们有着高度发达的伪装技术，甚至连口腔内部都有着相同的颜色。

Gymnothorax castaneus
栗色裸胸鳝

体长：1.5 米
体重：10~13 千克
保护状况：无危
分布范围：太平洋中东部

栗色裸胸鳝体色从浅绿色至棕色不等，通常身体上无斑点。背鳍和臀鳍非常发达。上颌边缘长有一排牙齿，其中 3 颗长在前端。主要栖居于温带至热带的珊瑚礁附近、岩石底层及 1~35 米深的绝壁底部。小鱼们喜欢在红树林的沼泽中活

动。它们的卵和幼鱼在远洋浮游，一般在晚间捕食，以鱼类、蟹类、虾类以及章鱼为食。

牙齿
栗色裸胸鳝的牙齿很长，尖如犬齿。

Muraena helena
地中海海鳝

体长：1.5 米
体重：10~15 千克
保护状况：未评估
分布范围：欧洲及塞内加尔沿岸的大西洋和地中海海域

　　地中海海鳝体色为均匀的灰褐色，有些鱼稍偏蓝色，吻呈黑褐色，头部上半部分是棕赭色。身体每侧有 5~6 条从头至尾的清晰条纹。下颌处长有一排锋利的牙齿。它们没有胸鳍，鳃上有小孔。以甲壳类动物、软体动物以及大型鱼类为食。它们的嗅觉非常灵敏，但视力不发达。虽然不属于攻击性鱼类，但如果人类被它们咬伤，可能会因为其分泌的毒素而引起感染。它们白天通常藏身于岩石和珊瑚中的洞穴或裂缝里。

Scuticaria tigrina
虎斑鞭尾鳝

体长：1.4 米
体重：6~7 千克
保护状况：未评估
分布范围：印度洋和西太平洋

　　虎斑鞭尾鳝的身体非常细长，呈半硬性圆柱形，头部和吻部较短。背鳍和臀鳍几乎不可见。嘴很大，两排锋利的锥形牙齿长在颌骨上，眼小，尾钝，且被皮肤包裹着。体色基本为浅黄灰色，均匀地布满了棕色斑点，头部的斑点更是五颜六色。栖居于多石底部以及 5~25 米深的珊瑚礁岩石底部，以鱼类为食，是夜行性动物。

牙齿
虎斑鞭尾鳝的口中上颌处的一排牙齿，共5颗

Uropterygius concolor
单色尾鳝

体长：50 厘米
体重：0.8~1 千克
保护状况：未评估
分布范围：印度洋和太平洋西部

　　单色尾鳝的身体大部分呈棕色或棕白色，尾巴末梢为黄色。学名的命名是源自其身体精小纤细且无斑点的特点。以鱼类、甲壳类动物以及软体动物为食。栖居在热带海岸，它们可以适应不同类型的环境，像红树林沼泽、咸水河口、近海珊瑚礁，在这些地方它们可以藏身在裂缝和洞穴中。

Gymnothorax isingteena
魔斑裸胸鳝

体长：1.8 米
体重：30~40 千克
保护状况：未评估
分布范围：印度洋和太平洋西部

　　魔斑裸胸鳝体色为白色或沙色，全身被圆形斑点覆盖，头部斑点较小。腹部发白，鼻孔构造简单，无鼻腔。栖居于热带及亚热带水域的岩岸及珊瑚礁附近。

Muraena lentiginosa
雀斑海鳝

体长：61 厘米
体重：0.9~1.2 千克
保护状况：无危
分布范围：太平洋中东部

　　雀斑海鳝是海鳝类中较小的品种之一。全身底色一般为赭黄色，全身布有圆形斑点，但也有不长斑点的情况出现。栖居在 5~25 米深的珊瑚礁周边水域，以鱼类和甲壳类动物为食。

Muraena argus
光海鳝

体长：1.1 米
体重：5~7 千克
保护状况：无危
分布范围：太平洋中东部

　　光海鳝的背鳍和臀鳍虽然被皮肤覆盖，但由于根部呈白色，因此非常显眼。长有管状的鼻孔，牙齿非常锋利，高度发达。体色从棕色至蓝色不等，长有白色斑点。栖居于珊瑚礁水域，最深可至60 米。

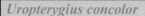

Rhinomuraena quaesita
五彩鳗

体长：1~1.3 米
体重：1~2.5 千克
保护状况：无危
分布范围：印度洋、太平洋波利尼西亚以及大西洋中部

　　五彩鳗的身体非常细长，移动起来像一根丝带。成鱼体色为宝蓝色，幼鱼和亚成鱼的体色呈深黑色。在它们所有的成长阶段中，背鳍、头部和颌部都呈黄色。它们有一双大大的眼睛，被金黄色的光圈包围着，可以通过其呈叶片状突起的鼻子以及大大的阔形前置鼻孔将它们与其他相似物种进行区分。栖息于珊瑚礁区的小砂沟和岸边，它们不仅可以在珊瑚底层的空洞中藏身，也可在沙地或泥泞中藏身。为了捕捉到鱼类或虾类食物，它们会把自己埋入土中然后慢慢地接近猎物，可在瞬间吞噬比它们自身大得多的猎物，然后立刻退回巢穴中。它们不咀嚼食物，而是将食物整个吞咽进去，所以可以看到它们的腹部被撑得很大。雄性同挤一穴。此种鱼类可见雌雄同体。

管状鼻
它们主要依靠嗅觉或震动来探测猎物，其鼻子的结构适于这种捕食方式

习性
它们呼吸时会把嘴尽量张开，看上去非常具有攻击性。

Anguilla rostrata
美洲鳗鲡

体长：1~1.5 米
体重：4~7 千克
保护状况：未评估
分布范围：大西洋西岸

　　美洲鳗鲡体形细长，像陆地上的蛇类一样。长有 2 个小小的胸鳍，每侧有 1 个鳃孔。身上长有细小的鳞片，头部较细小。体色根据年龄不同而不同，刚出生时是透明的（在这个阶段，它们看着很像玻璃鳗），之后会变成半透明的橄榄色，并以这种体色生活数年，直至变成棕色的成鱼。它们的性别由海水的盐度决定，那些在咸水河口水域生活的为雄鱼，而在淡水上游生活的是雌鱼。它们是底栖鱼类，根据不同的成长阶段，在淡水、咸水或海洋的底部栖居。每天，它们都会把自己半埋在泥沙里，只露出头部，或是藏身于水生植物中，偏爱夜间出动。幼鱼以浮游生物为食，成鱼则以微小的无脊椎动物和鱼类为食。

　　美洲鳗鲡在死亡之前会产一次卵，且一生只产一次卵，在 7~13 岁之间，它们会从河流以及入海口洄游至马尾藻海产卵（降河洄游性）。在那里，它们会遇到欧洲鳗鲡（*Anguilla anguilla*）。幼鱼被称为柳叶鳗，随着海流漂泊，直至接近北美海岸，经过一年时间的漂洋过海，变身为玻璃鳗。

毒液
它们的血液如果进入其他动物身体里并与其血液相接触，便会产生毒素，导致感觉系统被麻痹、抽筋甚至窒息。

适应性
它们的皮肤中长有丰富的血管，可以通过皮肤进行呼吸。

银腹
在生殖产卵前腹部为银色。

Anguilla anguilla
欧洲鳗鲡

体长：1~1.3 米
体重：5~6.6 千克
保护状况：极危
分布范围：欧洲和北非沿岸海域

欧洲鳗鲡的成鱼为棕色，生殖期腹部呈银色。一生只进行一次生殖繁衍，产卵地点在马尾藻海。为了繁衍后代，它们要游过 5000 千米的路程，初生的柳叶鳗也需要跨越同样的距离回到欧洲海岸，历时长达 5 年之久。在此期间，它们也渐渐地长成了玻璃鳗（青年时期为透明的体色）。在洄游期间，成鱼的消化系统要经过巨大的变化——不能进食。它们产卵的地方大约在 700 米深的海中。一旦完成生殖过程，成鱼便会死去。它们的后代，成年后会进入内河流域或是在河口水域中继续成长，直至彻底成熟。

保护状况

它们习惯生活在河口或河流流域，过度捕捞导致它们面临濒危的境况。此外，由外来物种带来的寄生虫也是导致其濒危的原因。

大小
成年雌鱼的体形较雄鱼小。

Ophichthus triserialis
尖尾蛇鳗

体长：1~1.15 米
体重：2 千克
保护状况：无危
分布范围：美洲沿岸的太平洋东部海域

尖尾蛇鳗身体底色为棕白色，长有棕色环状物，其中还穿插着棕色斑点。栖息于海底泥沙之中，在平均深度为 20 米的浅海水域活动或是退潮时在岩石区域中活动。它们以鱼类和无脊椎动物为食。

Ophichthus altipennis
高鳍蛇鳗

体长：0.9~1 米
体重：1~1.3 千克
保护状况：无危
分布范围：太平洋

高鳍蛇鳗的身形细长，呈圆柱形，尾端坚硬，无尾鳍，但胸鳍非常发达。它们的眼睛很大，前鼻孔位于吻突的下方，呈管状。体色主要为黄白色，尾鳍为黑色，头部呈棕黄色。栖息于泥沙底部的洞穴中，它们伏击猎物时只露出头部。

Conger conger
欧洲康吉鳗

体长：2~3 米
体重：40~66 千克
保护状况：未评估
分布范围：欧洲和北非沿岸海域

欧洲康吉鳗身形健壮，身体较重，体色为蓝灰色，头部较宽，呈扁平状，吻为锥形。鳃孔呈裂缝状一直延伸到腹部。全身无鳞，胸鳍和腹鳍较小。前鼻孔呈管状并被皮肤覆盖。它们在岸边的海底游动，成鱼活动的水域往往更深。它们藏身于岩石裂缝中等待猎物，只把它们大大的颌部和触须暴露在外。成熟期在 5~15 岁，成熟后它们会迁移到大西洋葡萄牙海岸或是进入地中海进行产卵，然后在那里结束生命。小鱼苗们可以在公海里生活 2 年，直到它们身体长到 15 厘米左右，才会逐步向海岸迁移。

体色
根据栖息深度的不同而变化。

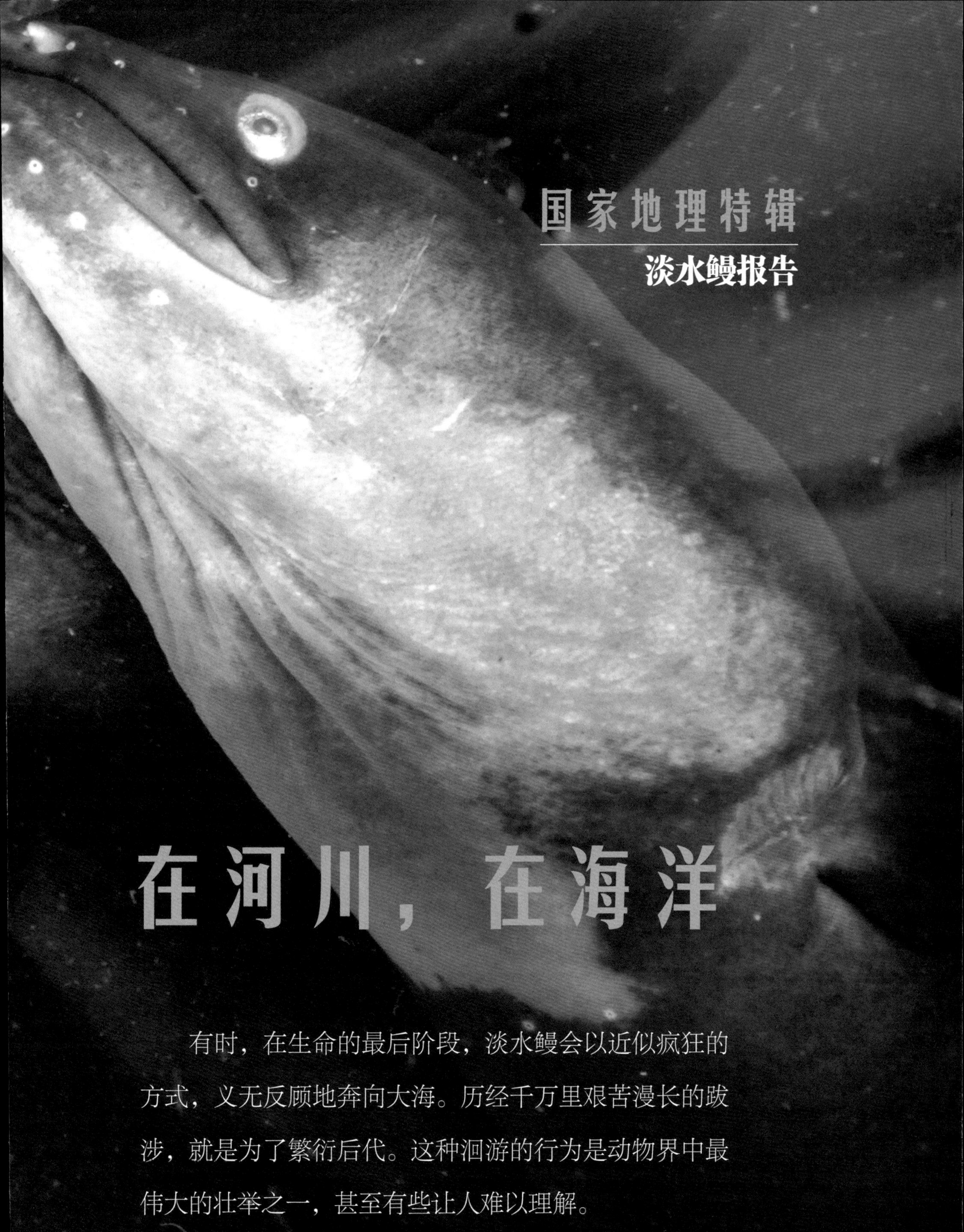

在河川，在海洋

有时，在生命的最后阶段，淡水鳗会以近似疯狂的
方式，义无反顾地奔向大海。历经千万里艰苦漫长的跋
涉，就是为了繁衍后代。这种洄游的行为是动物界中最
伟大的壮举之一，甚至有些让人难以理解。

▶ **不幸的结局**

在日本以及很多国家，鳗鱼被大量捕捞，供应给一些特殊的餐厅。人类的需求导致了一些物种的灭绝。有些物种，我们甚至还来不及了解它们在生物学领域中最基本的情况，就已经灭绝。

2000 多年前，亚里士多德就开始研究淡水鳗的行为，但迄今为止这仍然是一个未解之谜，它们生殖繁衍的具体细节仍是未知的。当时人们认为它们是从泥土中生长出来的。经过长期努力，人们的研究已经取得了长足进步，如今可以通过卫星追踪的手段来估测它们的繁殖路线。虽然如此，但人们还是不能确定它们的产卵地点在哪里，也不知道它们到底有多少个产卵地点。从未有人目睹过鳗鱼在海中产卵，它们是否洄游仍然是谜团的中心。这些问题甚至引起了心理学之父——弗洛伊德的关注，在其青年时期，他曾解剖过上百条鳗鱼来寻找它们的精子，但结果仍是徒劳。至少在今天，我们知道这类鱼的生殖器官是随着它们进入到咸水水域才发育成熟的。而且，我们还知道它们是在距离海岸数千公里的地方产卵，在那里还发现了它们的幼鱼。

产卵之后，鳗鱼就会死亡。鱼苗经过不同的发育阶段成长为成鱼，像已知的柳叶状幼鱼——柳叶鳗，它们长有长长的牙齿，利于其捕捉浮游生物。之后，它们的身体会变成透明色——玻璃鳗，而长长的牙齿则被小巧的锥形牙取代。最终，由于棕黄色色素的沉淀，它们变成了皮肤为棕黄色的鳗鱼。它们的变化是如此巨大，在 19 世纪末期，人们曾一度认为玻璃鳗是另外一种鱼类，直到目睹了小鱼苗们在池塘中发育至体形变化后才改变了观点。最后，它们进入河流或者小溪，并在那里生活数十年，直至回到海洋中生殖繁衍，然后结束自己的一生。它们回到海洋的意志是如此坚定和急迫——为了投入大海的怀抱，它们可以跋涉旱地、逃离池塘、翻越墙壁的阻隔，甚至设法逃离水族馆的拘禁。

欧洲鳗鲡（*Anguilla anguilla*）和美洲鳗鲡（*Anguilla rostrata*）已经引起了研究人员的关注。虽然成鱼栖居在不同的大洲，但在繁殖期，这两种鱼类会游向浩瀚的海洋中同一个密闭的环境。

3

◄ 灭绝之危

由于人工繁殖的尝试从未取得过成果，因此鳗鱼的消费还是依赖野外捕捞。在一些国家，只有得到了许可，才能对其进行捕捞，像在新斯科舍省（图1）。被捕获的鳗鱼是刚从海洋抵达这里的。捕捞鳗鱼除了因为这是个传统的项目外，还要归因于人们对鲜美鳗鱼肉的喜爱。在很多地方，人们喜欢将鳗鱼制成油腻的熏制食品（图2）。捕捞行为不仅无法被控制，而且还愈演愈烈，对仅剩余16种已知的鳗鱼造成了巨大的威胁，科学家们试图在实验室中繁殖它们（图3），希望可以通过此种方式让野生的鳗鱼远离灭绝之灾。

▶ 新的环境
在长到1岁后，这些美洲幼鳗会成群地离开大海，从一个典型的浮游生物转化为底栖生物。

自然科学家约翰内斯·施密特以对这些鱼类的研究而成名。在20世纪初，他探索了海洋的多个区域，并测量了在大西洋收集的鳗鱼。这一信息揭示了一个著名的结论，即身长与年龄的关系，越接近马尾藻海区域，它们的身体长度会越小。因此，人们从未在欧洲或北美洲河流里见过幼年鳗鱼这一现象终于找到了科学的解释。百慕大周围的岛屿是如此独特，一直以"船舶的墓地"而闻名，尤其是亚特兰蒂斯的这个传说。这个地区主要处在洋流的包围中，洋流的流转为众多生物体创造了有利的生存条件，其中最值得强调的是巨型海藻和那些浮游生物。我们可以这样理解幼鳗的存在，因为这里有它们所需的丰富的食物。但是，它们为什么不远千里离开河流来到这片区域？有人曾提出，可以在生物地理史中寻找答案。当大陆开始分离时，大西洋是非常狭窄的，因此更容易获得食物。随着时间的推移，几大洲开始陆续分散开来，但这并没有对鳗鱼们在特定地点进食的习惯造成影响。

经过一代一代的繁衍，如今，淡水鳗鱼遇到了威胁。事实上，在它们宏伟的洄游期间，这些鱼儿需要躲避很多危险，这些威胁中最大的来自人类，像水电大坝、污染以及捕捞。每年在国际市场上专供餐厅的鳗鱼交易高达数十亿美元。但由于鳗鱼都是在自然环境中捕捞的，因此这种模式在未来是否还可以持续犹未可知。

人类对于鳗鱼的了解还是很有局限性的，它们存在于水生环境中，出没于地球上最复杂而多样的区域，适应能力令人惊讶。但是它们越来越接近灭绝的生存前景非常令人担忧。来自人类的威胁可能会导致它们的灭亡。它们一次又一次地在河流与海洋之间穿梭，延续了百万年的生命之旅，以及至死不渝的意念，通往这些奥秘的钥匙也将随之沉入大海。

鲱鱼及其亲缘鱼类

| 门：脊索动物门 |
| 纲：辐鳍鱼纲 |
| 目：鲱形目 |
| 科：5 |
| 种：364 |

鲱鱼具有巨大的商业价值，大部分栖息于开阔的海域，仅75种生活在淡水，在两极和深海中是看不到它们的身影的。属杂食性鱼类，是鸟类、哺乳动物以及其他鱼类的猎物。它们可以组成庞大的鱼群，跨越千山万水寻找食物，有时这种长距离洄游也是为了在海岸附近产卵。

Sardina pilchardus
沙丁鱼

体长：20 厘米
体重：100 克
保护状况：未评估
分布范围：大西洋东北部、北海、地中海和亚得里亚海海域西部

沙丁鱼身体呈圆柱形，腹部圆润（幼鱼偏小），脊背呈蓝绿色，两侧和腹部为银白色。鳞片呈圆形落叶状。属于群居鱼类，每天纵向迁移25~100米。夜晚，它们会浮游至10米左右的深度觅食，主要以浮游甲壳类动物为食。它们在海中或海岸附近产卵。不论是幼鱼还是成鱼，都是北方蓝鳍金枪鱼（*Thunnus thynnus*）和欧洲无须鳕（*Merluccius merluccius*）的食物。

Alosa pseudoharengus
灰西鲱

体长：30 厘米
体重：200 克
保护状况：未评估
分布范围：北美洲大西洋海岸

灰西鲱的两侧稍扁，颌部前方长有微小的牙齿，但随着年龄的增长会逐渐消失。鳃耙很小，成年后会有所增长。栖息在沿岸海域或淡水水域。在大陆架水域度过秋季和冬季。成鱼洄游至河中产卵。

共生关系
虾虎鱼（虾虎鱼科）中的一些鱼类，栖居在它们的鳃盖骨下，以鳃部排出的微小颗粒为食。

Chirocentrus dorab
宝刀鱼

体长：36.6 厘米
体重：800 克
保护状况：未评估
分布范围：印度洋和太平洋

宝刀鱼是现存最大的鲱科鱼类。栖居在大陆架珊瑚礁地区，比如咸水水域、河口流域或潟湖。它们是贪婪的捕食群体，尤其是对小型鱼类，也以中等甲壳类动物为食。身体细长，被小小的鳞片覆盖着，只有一个背鳍和一个臀鳍，位于身体的中后部。因为下颌大于上颌，所以口呈向上弯曲状。两颚长有大牙。最长寿命可达25岁。

Dorosoma cepedianum
美洲真鲥

体长：35 厘米
体重：1.9 千克
保护状况：未评估
分布范围：大西洋西北部

美洲真鲥学名意为"枪体"，意指它的体形。栖居于平缓而开阔的水域表层，秋冬季会置身于被淹没的植被、泥沙和碎石底部。偏爱暖温带少植被的咸水水域。温暖季节在淡水中产卵，鱼卵表面具有黏性。美洲真鲥是杂食性动物，通过用它们细长的鳃耙过滤细小颗粒的方式摄食。

Engraulis mordax
美洲鳀

体长：15 厘米
体重：68 克
保护状况：无危
分布范围：太平洋西北部

美洲鳀的吻很尖，幼鱼身体两侧长有银色侧线，随着年龄的增长，侧线会逐渐消失。栖息于沿岸水域，不过也可以在距离陆地 480 千米左右的海域见到它们的身影，以紧凑的鱼群形式活动于海口水域。它们以海洋节肢动物为食，通过对海水的过滤或是以啄食的方式摄食。属于卵生鱼类，成鱼会把大量的卵产在浅海层。

Sardinops sagax
远东拟沙丁鱼

体长：20 厘米
体重：480 克
保护状况：未评估
分布范围：印度洋和太平洋

远东拟沙丁鱼的脊背呈蓝绿色，有白色线条。身体可见 1~3 行的黑斑。腹部有朝向下的条状鳍条，这是它们与其他鲱科鱼类的不同之处。鱼群数量庞大，最大的鱼群可由数以千万计的个体组成。它们是洄游性鱼类，夏天在北部的加利福尼亚至英属哥伦比亚之间的海域度过，秋冬季则在南美洲的海岸度过。以浮游生物和植物为食。体外受精，它们的受精卵体积很大，并带有支撑它们漂浮的油滴球状物质。最长寿命可达 25 岁。

群体协作
正如所有的家族成员一样，它们的鱼鳔一直延伸至内耳，这样不仅提高了它们的听觉，还可以帮助它们发挥在鱼群中的协作能力。

过滤
鳃的内部长有细长的鳃耙，起到了筛滤作用，便于在游动时捕捉滤食水中的小型生物。

Engraulis ringens
秘鲁鳀

体长：14 厘米
体重：68 克
保护状况：无危
分布范围：太平洋东南部

秘鲁鳀的身体薄而纤细，呈圆柱形，体色为蓝绿色。在距海岸 80 千米左右的海域中活动，在海水表层以庞大鱼群的形式出现。通过过滤的方式摄食，以秘鲁水域中丰富的浮游植物为食。一些研究表明，它们摄食的食物中，98% 都是硅藻类植物。智利和秘鲁海岸边的海鸟和鹈鹕是它们最大的捕食者。

Sprattus sprattus
黍鲱

体长：12 厘米
体重：70 克
保护状况：未评估
分布范围：大西洋东北部

黍鲱的背部为浅蓝灰色，两侧为银色，无深色斑点。群居性鱼类，冬季会移栖觅食，夏季洄游产卵。以甲壳类动物和浮游生物为食。雌鱼在海岸附近产卵，最远不超过 100 千米，其卵为漂浮状态，产卵量在 6000~14000 枚。栖居在海水水域，但也可以游动至河口，尤其是在幼鱼时期，可以在低盐度的水域中生存。

Clupea harengus
大西洋鲱

体长：30~40 厘米
体重：1 千克
保护状况：无危
分布范围：大西洋北部

大西洋鲱栖居在寒温带水域海水的中下层。为了预防敌人的攻击，它们以紧凑的鱼群形式出现，在沿岸附近活动。它们的洄游行为非常复杂，其一是为了寻找食物，其二是为了生殖产卵。大西洋鲱主要是以桡足类动物为食，但也可以借助视觉捕食其他生物体。它们成长缓慢，3~9 岁达到性成熟。

鲤鱼及其亲缘鱼类

| 门：脊索动物门 |
| 纲：辐鳍鱼纲 |
| 目：鲤形目 |
| 科：5 |
| 种：2662 |

此目中大部分成员仅具有单一的背鳍，但在一些物种中，可见到第二个由脂肪构成的背鳍。通常，它们的头部无鳞，颌部无齿，但长有咽齿（除双孔鱼属）。绝大多数分布在淡水中，广泛分布于东南亚。

Danio rerio
斑马鱼

体长：3.8厘米
体重：无数据
保护状况：无危
分布范围：亚洲西南部

斑马鱼外形特殊，身体两侧有5~7条深蓝色的纵纹，尾鳍为金银色，它们有着类似斑马的外形，并因此而得名。雄鱼的臀鳍一般比较大，且呈淡黄色。栖息于清澈的水域，如小溪流、水稻田以及山涧中的小溪。是杂食性鱼类，以小型甲壳类动物、蠕虫、藻类以及其他水生植物为食。产卵期可以是一年中的任意时段，主要由食物供给情况决定，同时也受温度的影响，一般是在季风季节。雌鱼产卵量为400~500枚。孵化之后，小鱼苗们利用头部特殊的细胞黏附在坚硬的介质上。是群居性鱼类，以鱼群的方式活动，队形变化十分华丽。

此种鱼类在多个领域被用作模式生物，非常具有研究价值。

成长记录
从产卵到孵化仅仅需要3~4天的时间。

隐藏的触须
在嘴部旁边，有2对小小的触须，肉眼看不到。

身形
鱼体呈纺锤形，侧扁。

献身科研
它们对遗传学、化学毒性、移植、再造器官以及其他领域科学研究的发展起到了巨大的作用。

Catlocarpio siamensis
巨暹罗鲤

体长：1.5~3米
体重：45~300千克
保护状况：极危
分布范围：亚洲

巨暹罗鲤是洄游性鱼类，栖居在湄公河淡水河段、湄南河及其支流。一到繁殖季节，它们就会进入渠道或漫滩洪泛区寻找食物，而幼鱼则喜欢待在沼泽、池塘或者小溪中。以藻类、浮游植物以及落入水中的水果和果屑为食。现今，它们的生存状况非常令人担忧，主要是因为栖息地的破坏以及过度捕捞。

Pelecus cultratus
欧飘鱼

体长：25~60厘米
体重：2千克
保护状况：无危
分布范围：欧亚

欧飘鱼栖息环境在淡水、咸水均可，喜欢群体行动，常在较大的河流下游、水库、里海和波罗的海东部水域的泥沙底层附近出没。身体呈弯曲状，像一把弯刀，其俗称由此而来。主体体色为银白色，腹部偏白，鳍部颜色柔和。侧线下方长有波纹；嘴部倾斜；鳍为辐轮状，长而尖；腹部长有尖锐的齿缘。以浮游动物、陆生无脊椎动物以及小型鱼类为食。

Cyprinus carpio

锦鲤

体长：0.25~1.1 米
体重：0.4~40.1 千克
保护状况：易危
分布范围：欧洲、亚洲东部、北非

　　锦鲤栖居于深水水域温暖而平缓的沙底或淤泥底部。可以在低氧的环境下生存，甚至可以忍受缺氧情况的发生。这一特性让它们可以拥有自己的空间，而不被其他物种打扰。

　　性别二态性在它们身上几乎没有体现，雌鱼通常身形较小，腹部和胸鳍略圆，体色比雄鱼略为鲜明。它们每年都会进行生殖繁衍。在春夏气温升至 18 摄氏度以上时，它们会洄游至三角洲和河口地区，雌鱼会陆续在那里产卵。所以，它们的生殖繁衍期长达 60~70 天。产出的卵具有黏性，可依附在半浸式的植被上。小鱼苗们只能存活于温水水域，而且该水域中还必须富含可以让小鱼苗藏身的植被，这样它们才能在那里平安度过生命的最初阶段。

　　当水温低于 12 摄氏度时，它们便会沉于底部进行冬眠。它们是杂食性鱼类，以浮游动物、底栖动物、甲壳类动物、昆虫、软体动物、蠕虫、种子、水生植物以及藻类为食。日出和日落时分是它们一天当中最活跃的时间段。

随遇而安
可以栖居于淡水和咸水水域，对水温的适应性也非常好。

多彩鲤鱼
中国培育出了各式各样可供观赏的多彩鲤鱼，包括橙色、红色、黄色、金色、白色以及黑色

翻动工具
嘴周围长有触须，可以用它们探挖藏在底部的食物。

Carpiosdes cyprinus

似鲤亚口鱼

体长：52.1~66 厘米
体重：2.9 千克
保护状况：未评估
分布范围：美国中东部

　　似鲤亚口鱼的通用名源自背鳍呈丝状向后延伸的特点。全身被银白色的大鳞片覆盖，尾鳍全部为叉形，侧面扁平。它们以多种水生植物、软体动物（尤其是蛤蜊）以及昆虫为食。栖息于松软的淡水水域底部，在那里它们可以找到许多藏身于泥沙的底栖无脊椎动物。

　　似鲤亚口鱼通过卵生繁殖，春夏季时，会洄游至浅水水域，雌鱼在沙洲或淤泥上产卵，然后雄鱼便开始授精，受精卵的孵化期是 8~12 天。每次平均产卵量为 6.4 万枚，但由于父母在受精成功后便由它们的后代自生自灭，不予照顾，而且这些受精卵和小鱼苗们对很多物种来说都是美食，因此它们的死亡率非常高。

Carassius carassius

黑鲫

体长：15~64 厘米
体重：1.5~3 千克
保护状况：无危
分布范围：欧亚

　　黑鲫栖息于不流动或水流缓慢且富含植被的浅水水域。可以承受相当大的温度跨度，因此，它们既可以在高温下生活，也可在低温下甚至表面结冰的水中存活。同时，它们还可以忍受污染水域以及低氧环境。属于杂食性鱼类，以垃圾碎屑、无脊椎动物、藻类以及小型植物为食。

　　它们是群居鱼类，也是和平爱好者，所以总是以鱼群的方式活动。

　　在生殖期，雌鱼的肚子会鼓胀，其生殖器官是可见的，吸引雄鱼前来交配。雄鱼们则发起猛烈的攻势，锲而不舍地展开追求，并与雌鱼们发生肢体上的剧烈摩擦，引诱其产卵。

选择性育种
中国的水族爱好者们人工繁育了各式各样的品种。

泥中的巢穴
当冬季来临或是季节变得干燥时，它们便会屈身于水底的巢穴中，以躲避缺水的环境。

Acantopsis octoactinotos
八线小刺眼鳅

体长：9.6~18 厘米
体重：无数据
保护状况：易危
分布范围：印度尼西亚和马来西亚

　　八线小刺眼鳅的身体细长，吻突出，触须欠发达。体色为浅灰褐色，长有颜色略深的小斑点，腹部为白色。眼睛很小，位于头部偏上的位置。栖息在清澈且含氧量高的河流和湖泊底层，属杂食性鱼类，性情好斗，攻击性强。它们在底部碎石中藏身，在岩石上休憩。
　　沿海森林砍伐所造成的物种消亡和河流污染给它们带来了巨大影响。

Catostomus catostomus
亚口鱼

体长：22.5~64 厘米
体重：3.3 千克
保护状况：未评估
分布范围：北美洲和西伯利亚

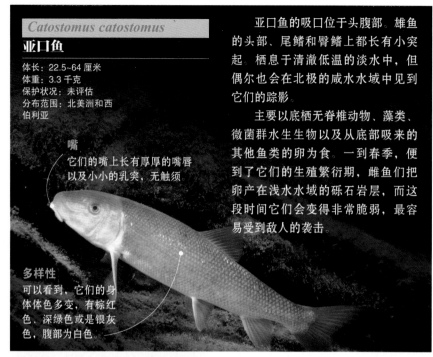

嘴
它们的嘴上长有厚厚的嘴唇以及小小的乳突，无触须。

多样性
可以看到，它们的身体体色多变，有棕红色、深绿色或是银灰色，腹部为白色。

　　亚口鱼的吸口位于头腹部。雄鱼的头部、尾鳍和臀鳍上都长有小突起。栖息于清澈低温的淡水中，但偶尔也会在北极的咸水水域中见到它们的踪影。
　　主要以底栖无脊椎动物、藻类、微菌群水生生物以及从底部吸来的其他鱼类的卵为食。一到春季，便到了它们的生殖繁衍期，雌鱼们把卵产在浅水水域的砾石岩层，而这段时间它们会变得非常脆弱，最容易受到敌人的袭击。

Cycleptus elongatus
长背亚口鱼

体长：66.5~93 厘米
体重：6.8~18 千克
保护状况：近危
分布范围：墨西哥和美国

　　长背亚口鱼栖息于大型的河流、湖泊以及水库的深水区域。在产卵期洄游至水流湍急且底层有岩石的区域。雄鱼开始时是上游洄游，而后便追着雌鱼；它们的游移距离可超过160 千米。
　　在春季水温上升的时候开始产卵，能持续 10~28 天，它们的受精卵为黄色，黏附在底层的沙土和碎石上。以甲壳类动物、蛤蜊、水生昆虫的幼虫、底栖鱼类和藻类等水生植物为食。
　　造成它们濒临灭绝的主要原因是水坝的建设破坏了它们赖以栖息的环境，阻碍了洄游的路线，造成了它们大量的死亡。

吸来的食物
嘴是吸盘式的，圆形的吻突出，嘴唇被无数个突起覆盖着。

生物指示器
如果在水中不能发现它们的踪迹，那便意味着这片水域太浑浊或者已被污染。

Barbatula sturanyi
搏条鳅

体长：10 厘米
体重：无数据
保护状况：无危
分布范围：欧洲东南部

　　搏条鳅俗称"奥赫里德石泥鳅"，这源自它们的一种特殊行为——常在奥赫里德湖中露出水面的岩石上休憩。栖息于带有岩石层的清澈湖泊和溪流中。身体细长，身形近乎圆柱形，头部和尾部略扁，端部呈锥形。身体底色为浅灰色，长有深色或黑色斑点，并有金色的反光效果。

Psilorhynchus amplicephalus
大头裸吻鱼

体长：5~5.7 厘米
体重：无数据
保护状况：数据不足
分布范围：印度阿萨姆邦

　　大头裸吻鱼栖息于淡水的中低水层，栖息的水域往往水流湍急，底部为沙土质。它的学名是根据其较大的头部尺寸而命名的，头的前部略扁，端部呈锥形。尾鳍分叉，胸鳍垂直于身体，用于抵御水流的冲击。

电鳗及其他

门:	脊索动物门
纲:	辐鳍鱼纲
目:	裸背电鳗目
科:	6
种:	150

它们有着淡水鱼的血统，分布在潮湿的美洲热带大陆。它们当中的电鱼最为我们所熟知。其身上具有电感应系统，还有能够产生电场的器官。无腹鳍、背鳍以及尾鳍（光背电鳗科除外）。臀鳍和身体长度几乎一样。鱼鳃偏小，由三角形鳃盖骨覆盖着。

Electrophorus electricus
电鳗

体长: 1.8~2.5 米
体重: 20 千克
保护状况: 无危
分布范围: 南美洲中东部

电鳗是电鳗属的唯一品种，身体呈纺锤形或蛇形，体色为灰绿色，有微小的鳞片，全身像穿了一层黏稠状、润滑的黏膜衣。拥有一个庞大的毛细血管系统，血管化非常明显，该系统可直接从水中或空气中吸收氧气。栖息于奥里诺科河和亚马孙河流域。偏爱平静且带有粉砂质河床的水域。它们也常常现身于水温在 23~28 摄氏度的小溪、沿海平原和沼泽中。属于杂食性鱼类，以鱼类、蟹类、小型哺乳类动物、种子以及水生植物为食，幼鱼则以无脊椎动物以及幼虫为食。11~12 月是它们的生殖繁衍期，它们会在自己生长的地方产卵。雌鱼在雄鱼用唾液搭建的巢穴中产卵。

鱼鳔
位于内耳的一个腔室，是构成听力的重要部分。

横截面

发电细胞如电池一样，组成了一套肌电板。

电击
拥有两组发电器官，第一组发电电压较低（10 伏），第二组发电电压高达 600 伏。

结节或突起
不规则地分布在全身，像是高频接收器一样，可以用来探测猎物。

Gymnotus carapo
圭亚那裸背电鳗

体长: 40~76 厘米
体重: 1.25 千克
保护状况: 未评估
分布范围: 中美洲及南美洲

圭亚那裸背电鳗的鱼身为圆柱形，逐渐地被压缩直至尾部。体色为棕褐色，长有横向的条带，沿中线有一条白色的条纹，无背鳍，腹鳍的长度和整体的身长接近。夜行性动物，成鱼以甲壳类动物以及鱼类为食。具有发电器官。

Eigenmannia virescens
青色埃氏电鳗

体长: 20~45 厘米
体重: 无数据
保护状况: 未评估
分布范围: 南美洲

青色埃氏电鳗的身体纤细，侧扁，鱼体被圆形鳞片覆盖，呈半透明状，也可以呈乳白色或黄色，有深色侧线。栖息于平静且多植物的水域。喜黄昏和夜间出动，而白天则藏身于水下植物中。

脂鲤

门：	脊索动物门
纲：	辐鳍鱼纲
目：	脂鲤目
科：	18
种：	1674

　　这是个庞大的淡水鱼群体，起源于美洲大陆。整体来说，它们的体形较小，但根据物种的不同，身形大小和形态也各有不同。头部没有触须，也不长鳞片，口中含齿，通常长有脂鳍。它们白天在浅水水域活动。许多物种都是水族馆里的宠物。

Hyphessobrycon bifasciatus
双带鲃脂鲤

体长：4.7 厘米
体重：无数据
保护状况：未评估
分布范围：巴西沿海流域以及巴拉那河上游流域（南美洲）

　　双带鲃脂鲤栖息于水温 20~25 摄氏度的水域底层，如河流、小溪或湖泊中，这些水域多数被丛林覆盖。它们在水底觅食，体色不是很醒目，分为两种：一种主体是银灰色的，混有轻微的黄色调；另一种是金黄色的，它们的俗称也是由此而来的。身体前部有两条垂直的深色竖线，但并不是很显眼。可在水族馆中喂养并供观赏。

半透明
它们的鳍是半透明的。

颜色
在主体颜色为灰色的品种中，身体前部的垂直竖线更加不显眼。

Hyphessobrycon flammeus
火焰鲃脂鲤

体长：2.5~4 厘米
体重：无数据
保护状况：未评估
分布范围：巴西里约热内卢

　　火焰鲃脂鲤在里约热内卢州沿海水域中活动，以那里的蠕虫、甲壳类动物以及植物为食。栖息于温暖、平缓的水域，适宜水温在 22~28 摄氏度之间。鱼身呈现出了两种截然不同的颜色，前部呈银色并带有两条垂直的深色竖纹，后部则呈微红色。野生种群已经被巴西政府保护起来，人工喂养的雌鱼可产 200~300 枚卵。

背鳍
背鳍把它们分成了两类。雄鱼背鳍边缘的颜色和雌鱼的不同。

Gymnocharacinus bergii
佰氏裸脂鲤

体长：可达 7.5 厘米
体重：无数据
保护状况：濒危
分布范围：阿根廷黑河

　　佰氏裸脂鲤是一个独特且稀有的物种，因为几乎不长鳞片而得名。它们中个头较大的身长也仅有 5 厘米，在水中看上去就像一条横线一样，仅栖居在位于阿根廷巴塔哥尼亚的索姆古拉高原中部的瓦吉塔河流域的源头。不接受人工饲养，也不能离开生活的水域到其他环境中生存。它们的身体纤细，体色在绿色至铜褐色或浅棕色之间。因为皮肤上缺少鳞片，所以它们的皮肤看起来像是由许多细小的脂肪颗粒构成。

Piaractus mesopotamicus
细鳞肥脂鲤

体长：40.5~50 厘米
体重：20 千克
保护状况：无危
分布范围：巴拉圭巴拉那河流域（南美）

　　细鳞肥脂鲤是拉普拉塔河流域鱼类资源中的一种。因为肉质鲜美，所以会被人类捕食用。相对来讲，它们的体形较大，很健壮，呈卵形，身体扁平。体色为银灰色，肚皮为白色，胸部呈金黄色。鳍为黄色或是橙色，而鳍的突缘为黑色。它们以甲壳类动物、蜗牛、小鱼类以及植物果实等为食。栖居在河流和小溪的沙洲上。洄游性鱼类，在 3~5 月期间，逆流而上，而在夏季时返回产卵。

Salminus brasiliensis
大颚小脂鲤

体长：1.2 米
体重：30 千克
保护状况：无危
分布范围：南美巴拉那河流域

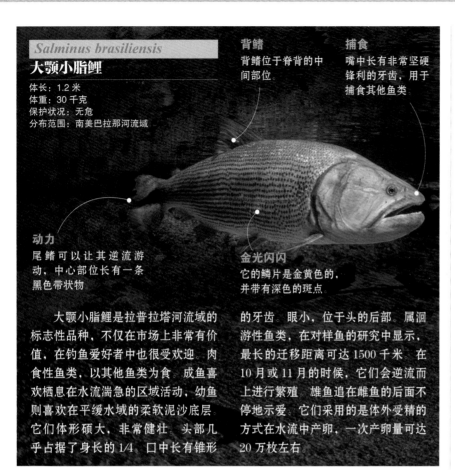

背鳍
背鳍位于脊背的中间部位。

捕食
嘴中长有非常坚硬锋利的牙齿，用于捕食其他鱼类

动力
尾鳍可以让其逆流游动，中心部位长有一条黑色带状物。

金光闪闪
它的鳞片是金黄色的，并带有深色的斑点。

大颚小脂鲤是拉普拉塔河流域的标志性品种，不仅在市场上非常有价值，在钓鱼爱好者中也很受欢迎。肉食性鱼类，以其他鱼类为食。成鱼喜欢栖息在水流湍急的区域活动，幼鱼则喜欢在平缓水域的柔软泥沙底层。它们体形硕大，非常健壮。头部几乎占据了身长的 1/4。口中长有锥形的牙齿。眼小，位于头的后部。属洄游性鱼类，在对样鱼的研究中显示，最长的迁移距离可达 1500 千米。在 10 月或 11 月的时候，它们会逆流而上进行繁殖。雄鱼追在雌鱼的后面不停地示爱。它们采用的是体外受精的方式在水流中产卵，一次产卵量可达 20 万枚左右。

Colossoma macropomum
大盖巨脂鲤

体长：1.2 米
体重：30 千克
保护状况：未评估
分布范围：南美奥里诺科河以及亚马孙河流域

大盖巨脂鲤的身体呈半椭圆形，侧扁。成鱼体色为银色，带有统一的微黑色斑点。栖息于富含植被且水流湍急的深水水域。雄鱼的背鳍更加突出，臀鳍长有齿缘。它们通常以植物为食，但偶尔也会进食一些昆虫和甲壳类动物。它们有非常敏锐的嗅觉，属于群居鱼类，和平的爱好者。

Metynnis hypsauchen
高身银板鱼

体长：15 厘米
体重：无数据
保护状况：未评估
分布范围：南美洲

高身银板鱼的身体扁平得像被压缩过一样，且呈半圆状。与同属的其他鱼类一样，拥有大尺寸的脂鳍，以及边缘为黑色的红色臀鳍。口中长有非常锋利且坚固的牙齿。体色为银色。栖息于水温 24~28 摄氏度的水域环境中。属于杂食性鱼类，但主要以植物为食。小鱼苗在出生 3 天后就能够开始游动了。

Paracheirodon axelrodi
阿氏霓虹脂鲤

体长：2~4 厘米
体重：无数据
保护状况：未评估
分布范围：南美洲奥里诺科河以及黑河的上游

阿氏霓虹脂鲤艳丽鲜明的体色让它们成为水族馆中非常具有观赏性的鱼类。它们的身上长有一条红色的纵带，上面闪耀着蓝色的金属光泽。它们以庞大的鱼群形式出现。阿氏霓虹脂鲤是杂食性鱼类，不过主要以水生昆虫为食。喜爱生活在水温 23 摄氏度以上的深邃水域环境中。雌鱼在晚间把卵产在植物上，受精成功后，受精卵经 24 小时后便孵出幼鱼，5 天后，小鱼们就会活蹦乱跳起来。

Pygocentrus piraya
迷人臀点脂鲤

体长：30~60 厘米
体重：3.17 千克
保护状况：无危
分布范围：巴西圣福兰西斯科河流域

迷人臀点脂鲤盛产于巴西圣福兰西斯科河流域。性情凶猛，具有攻击性，以集群形式攻击猎物。在人类面前通常表现得很胆怯。它们的身体呈圆盘状，侧扁，头部很大且扁平。颌部很发达，长满了一口锋利的锯齿状牙齿。与其他同种鱼类相比，体形偏大。顶部呈银色而腹部微红。

Pygocentrus nattereri

纳氏臀点脂鲤

体长：28~33 厘米
体重：3.5 千克
保护状况：无危
分布范围：美洲南部

眼睛
眼睛的直径大约是眼睛到鳃盖骨距离的1/3。

纳氏臀点脂鲤的身体呈圆形，偏扁。头部非常大，颌部坚实且突出，长满了锋利的牙齿。它们的背部为灰色，腹部呈红色或橙色，但会根据年龄的不同和地理分布的不同而变化。两侧为栗色并带有许多的银色闪光点。幼鱼身上会有黑色的斑点，但是成鱼之后斑点便会消失。

生殖繁衍

纳氏臀点脂鲤的产卵期在春夏两季，为了保护鱼卵不被捕食，雌鱼会将卵产在雄鱼挖好的巢穴里。它们体色鲜艳，红色的腹部是它们的特征。大部分水域中的纳氏臀点脂鲤产卵周期会受潮汐的季节性影响，它们会在雨季来临时在河湖交界处产卵。

捕食者和它的猎物
它们以美洲虎、鳄鱼、海豚、猛禽以及其他肉食性鱼类为食。

河中称霸

现实中纳氏臀点脂鲤的捕食行为已远远超越了传说中嗜杀成性的主人公们的杀戮行为，不管体形多大的动物，都可能被它们吞噬。即使是人类，如果在水中遇到它们，也会被吞食。但是当它们受伤或残疾的时候，是很难发起攻击的。其实纳氏臀点脂鲤非常胆小，行为捉摸不定。对血的味道非常敏感，只要闻到，就会刺激它们开启攻击模式。众多成员一起行动，一只体形庞大的哺乳动物在几分钟之内就会被它们消灭干净。

2 万
每次产卵量可达2 万枚。

触感
它们的嗅觉十分发达，用于探测食物。视觉尚可，但是在它们栖居的浑水中使用得很少

牙齿

它们的牙齿呈三角形且开刃。当嘴闭上时，上下牙齿可以咬合，这样更利于它们切割食物。此外，一旦咬住猎物，纳氏臀点脂鲤会撕扯它们，把它们的肉撕成块状，所以大型猎物会在几分钟之内变成残骸。

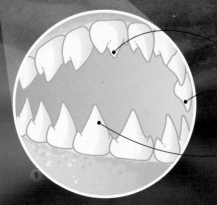

锐利的齿尖

略带弧度

呈三角形

背部
与红色的腹部截然不同，它们的背部呈灰色。背鳍前方长有一根小小的刺。

显著特点
臀鳍与尾鳍是分开的，只与尾柄相连，具有脂鳍。

食物

它们是典型的机会主义者，主要靠肉食，以其他鱼类和无脊椎动物为食，有时也吃小型脊椎动物。除非是在干旱的日子里，否则它们很少攻击健康的动物。

1 受害者
当一个生病或是受伤的潜在猎物出现时，它的动作会通过水波传播，把纳氏臀点脂鲤吸引过来。

2 第一口
当纳氏臀点脂鲤孤军作战时，会先试着咬一口猎物，确认可以吞噬后，便开始撕扯，同时利用血的气味呼唤同伴。

3 全面猛攻
其他纳氏臀点脂鲤接到同伴的信号，就会冲过来加入猛攻的队伍，快速地将食物撕扯并转移，以防其他鱼群过来抢食。

4 残骸遗骨
就算是最坚硬的部分也能被它们撕扯扭断。在几分钟内，猎物就会变成遗骨残骸。

锯脂鲤科
此科鱼类的名字源于它们锯形的腹刺。

30
30 多只个体聚集在一起攻击猎物。

人工繁殖

育种选择

这项工作对细心度要求很高，而且需要大量的耐心去完成。天然的基因突变在野生环境中不是很常见，而在人工繁殖过程中对变异是可控的。

肿眼泡

"泡泡眼"金鱼是在1908年通过人工选育诞生的。它们的这个泡泡由一层薄薄的皮肤构成，极容易破裂。

极具观赏性

仅供观赏，一些人工改种的奇特品种寿命很短。鱼鳍的变化使它们变得格外美丽、异常诱人，但也对它们的游动能力产生了一定的影响，同时也影响了它们捕捉猎物、争抢食物、逃避敌人时的行动能力，因此需要加以特殊的照顾。狮子头金鱼正是这种情况，养殖人员需要切除它们身上的一些结节，因为在成长过程中这些结节会影响它们的视力和呼吸。

　　在中国，人们会在鱼缸或是鱼池中人工养殖一些具有观赏价值的鱼。金鱼在基因突变后，出现了多样的新品种，从银色至橙黄色或是金色，都属于金鱼的种类。养殖人员需要对它们进行分离和筛选，之后将它们混种配对，培育出新的杂交品种。这些新品种不只是在颜色上有所改变，在眼睛、头部以及鱼鳍的形状上也会有新的形态。近百年来，在人类好奇心的驱使下，养殖人员一直在尝试培育新品种，但有时培育出的新品种是无法存活的。

鲇鱼及其亲缘鱼类

| 门：脊索动物门 |
| 纲：辐鳍鱼纲 |
| 目：鲇形目 |
| 科：35 |
| 种：2867 |

这是一种非常多元化的淡水鱼族群，有小体形的和中体形的，也有身体无鳞的或是被骨板覆盖的。它们多数是杂食性的，喜欢在夜间活动。所具有的感受器官（触感胡须、生化嗅觉感受器）让它们可以在黑暗中探测到食物。位于胸鳍前的鳍棘具有防御和生殖繁衍的作用。

Bagrus meridionalis
南鲿

体长：1.5 米
体重：9.5 千克
保护状况：无危
分布范围：非洲马拉维湖以及周围的河流

南鲿的分布非常具有局限性，体色从棕色至橄榄绿色不等，背部分布着不规则的黑色斑点，背鳍带有辐形棘，有脂鳍。每个胸鳍前都长有平滑的或略带锯齿边的鳍棘。尾鳍为深度分叉形。绝大部分栖居于多岩的水域环境中，从河流底层一直到湖泊深处都可见到它们的踪影。主要在晚间捕食丽鱼科鱼类。从深水区洄游进行生殖繁衍，将卵产在浅水区域岩石之间的缝隙中。孵化之后，小鱼苗们会在巢穴中度过生命最初的时光，它们以无脊椎动物以及剩下的未受精的卵为食。父母会一直守护它们，保护它们平安成长。

触须
它们的触须很长，这是它们所属科的特征

Hoplosternum littorale
滨岸护胸鲇

体长：24 厘米
体重：无数据
保护状况：未评估
分布范围：南美洲中东部至阿根廷北部

滨岸护胸鲇的雄鱼体形要比雌鱼大。在生殖期，它们胸部的鳍棘会变得异常强大，非常引人注目。在干旱时节，成鱼以昆虫、甲壳类动物以及碎屑为食，它们还可以从中摄取大量重要的厌氧菌。在雨季来临时，它们则以大量的摇蚊为食，而此时也进入了生殖期，雄鱼负责照顾受精卵：它们会使用胸部的鳍棘保护巢穴的安全。

感官
它们的前端长有2对触须。

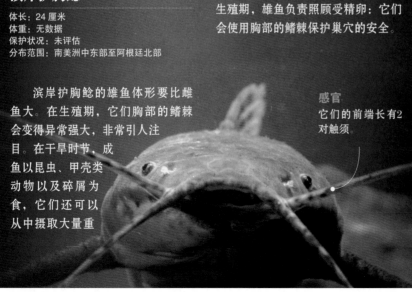

Corydoras sterbai
满天星鼠

体长：6.8 厘米
体重：无数据
保护状况：未评估
分布范围：巴西中部与玻利维亚

满天星鼠栖居在亚马孙河流域底层软底的淡水水域，是所在的鱼属中最具观赏性的代表之一。体色为浅棕色，长有奶油色斑点，肚皮和胸鳍为浓艳的橙色。为了生殖繁衍，胸鳍上第一根鳍条转变成了棘刺。腹部向内收缩，背部呈弓形，全身被硬骨板交叠覆盖。雌鱼的体形比雄鱼大很多，它们的鱼卵可以同时被 3 条雄鱼授精，受精卵黏附在植物的叶片下方。

Kryptopterus bicirrhis
双须缺鳍鲶

身长：15 厘米
体重：无数据
状况：无危
分布：湄公河以及湄南河流域、马来西亚半岛、苏门答腊和婆罗洲

双须缺鳍鲶栖息于水温 21~26 摄氏度的热带淡水水域，常在小溪、大河甚至水田中见到它们的身影。它们的活动范围很广，从水底至水面都可以任意畅游。偏爱水流湍急的区域，常常在岸边活动。大多数时间，它们以鱼群的形式活动，一个鱼群最多可由 100 条鱼组成。它们在白天更为活跃。游动时，身体与水平面呈上倾斜角，尾部朝下。拥有一个透明的身躯，背上的刺和体内的器官均可见。它们的身体很扁，头部后方还挂着类似一个小袋子一样的东西。背鳍发育不全，但胸鳍的尺寸比头部还要大。以小型的鱼类、蠕虫、甲壳类动物、水生半翅类及其他昆虫为食。

据估测，污染对它们的栖息环境造成了恶劣的影响，过度捕捞对鱼群数量的影响尤为严重。

尾鳍
呈分叉状，一边的叶瓣比另一边稍大。

感官触须
位于上颌部，非常长。

体形
细长，侧扁。

捕食
它不仅在水族馆里是明星鱼类，在亚洲人的餐桌上也是一道经典的美味菜肴。

透明的身躯
它是水族馆中常见的一种鱼类，其透明的身躯以及轻微泛出的虹彩光泽非常引人注目。

Scleromystax barbatus
头点兵鲶

体长：9.8 厘米
体重：无数据
保护状况：未评估
分布范围：巴西里约热内卢至圣卡塔琳娜

虽然头点兵鲶的体形很小，但是在鲇鱼中算是大块头。头点兵鲶以底栖甲壳类动物、蠕虫、昆虫以及植物为食。栖息于亚热带的淡水水域。雌鱼的体形比雄鱼大很多，但是雄鱼的背鳍、胸鳍非常发达，几乎可以延伸至尾柄。它们将卵产在茂密的植被中，其身影在水族馆中非常常见。

Corydoras haraldschultzi
哈氏兵鲶

体长：5.9 厘米
体重：无数据
保护状况：未评估
分布范围：巴西和玻利维亚

哈氏兵鲶的体色为浅赭色，带有棕色斑点。喜群居，常在水底游动。它们也可以生存在缺氧的环境中，肠功能的变异让它们能够直接呼吸空气。它们在水面上猛吸几口空气并将其输送到肠道，给血液供氧。雌鱼的腹部长有一个袋状物，产卵期这里会装满卵子，它们会将这些鱼卵产在提前选好并清理过的地点。

Corydoras napoensis
纳波河兵鲶

体长：5 厘米
体重：无数据
保护状况：未评估
分布范围：亚马孙河流域西部、厄瓜多尔和秘鲁

与其他种类的鲇鱼相比，纳波河兵鲶有着更加纤细修长的身形，身体呈粉红色并遍布着黑色斑点，斑点连成一条横跨全身的虚线条纹。胸鳍、腹鳍和臀鳍为闪闪的金黄色，而尾鳍、背鳍以及脂鳍的颜色却很暗淡。它们以鱼群的形式活动，一个大鱼群可由几百条个体组成，共同防御敌人的侵袭。属杂食性鱼类。

Ameiurus nebulosus
云斑鮰

体长：25~55 厘米
体重：0.5~2.7 千克
保护状况：未评估
分布范围：北美洲，被伊朗、土耳其、爱尔兰引进

云斑鮰的体色为棕色，背部至两侧逐渐变浅，一直到腹部颜色浅至乳白色。嘴边长有又长又鲜亮的"晶须"，上部还有两根屹立不倒的突起。

两个臀鳍（前和后）几乎是相连的，在腹部的后半部分随身体而摇摆，背鳍很小。

栖息于温带淡水河流和湖泊中，可以适应不同的环境条件，比如咸水水域和河床缺氧的水域。以昆虫、环节动物、蛤蜊、其他鱼类的鱼卵、蜗牛、小鱼以及植物为食。

特殊的鳍
第一个背鳍以及胸鳍都可见一根尖锐的棘刺，可起到保护作用。

生殖繁衍
它们会吃自己的后代，随着小鱼苗们不断地成长，它们便丧失了保护孩子的本能，忘记自己的父母身份。

Ameiurus catus
犀目鮰

体长：30.5 厘米
体重：无数据
保护状况：未评估
分布范围：美国东部大西洋沿海河流

犀目鮰流连于温带淡水水域，常常在不超过 10 米深的河道底部游动。在所栖息的河流内进行洄游。鱼体上部的颜色是闪亮的棕黄色，颜色越接近腹部越浅，腹部几乎呈白色，也有一些鱼背部呈蓝色。以小型鱼类、其他鱼类的卵、水生昆虫以及植物为食。

Ameiurus melas
黑鮰

体长：27~45 厘米
体重：3.6 千克
保护状况：未评估
分布范围：北美洲

黑鮰的栖息地为平静且富含大量植被的缓流河流底层，以淤泥、沙土、沙砾底床为主。体色为棕黄色，拥有高度发达的触须，一般为 4 对。求偶成功后，雄鱼会摇动身体，用头去轻触雌鱼的头，会在有遮挡的底部洞穴中一起交配产卵，卵呈圆形的凝胶状，产卵量为 2500~4000 枚。黑鮰以软体动物、鱼类、双壳类、甲壳类、幼虫、昆虫以及其他鱼类的卵为食。

Noturus gyrinus
蝌蚪石鮰

体长：5~13 厘米
体重：无数据
保护状况：未评估
分布范围：北美洲

蝌蚪石鮰的体色为深棕黄色，有些呈棕红或微红，体两侧有一条或两条长长的深色侧线。腹部为淡黄色。上下颌大小相同。尾鳍较大，近似圆形，平展在整个尾部上下，臀鳍的尺寸也很大。通常在平静水域的底部栖息，以拖动的方式在泥中前行，就像是在挖凿土地，开辟道路。主要以小型昆虫及其幼虫和蝌蚪为食。它们长有 4 对触须，竖立在上部的较长，含有颗粒状的味觉细胞，可以让它们察觉猎物，并预估其数量。

光滑的身体
鱼体无鳞，但被骨板覆盖

Noturus lachneri
莱氏石鮰

体长：4~10 厘米
体重：无数据
保护状况：濒危
分布范围：美国

鳍
以暗色调为主，在灰色或棕色的暗色调范围内，边缘可见黑色。

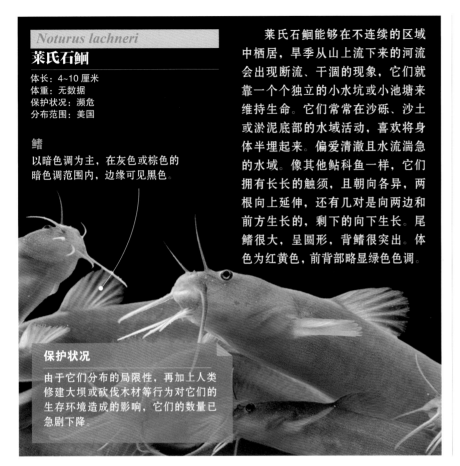

保护状况
由于它们分布的局限性，再加上人类修建大坝或砍伐木材等行为对它们的生存环境造成的影响，它们的数量已急剧下降。

莱氏石鮰能够在不连续的区域中栖居，旱季从山上流下来的河流会出现断流、干涸的现象，它们就靠一个个独立的小水坑或小池塘来维持生命。它们常常在沙砾、沙土或淤泥底部的水域活动，喜欢将身体半埋起来。偏爱清澈且水流湍急的水域。像其他鲇科鱼一样，它们拥有长长的触须，且朝向各异，两根向上延伸，还有几对是向两边和前方生长的，剩下的向下生长。尾鳍很大，呈圆形，背鳍很突出。体色为红黄色，前背部略显绿色色调。

Noturus stigmosus
密点石鮰

体长：7~13 厘米
体重：无数据
保护状况：未评估
分布范围：美国和加拿大

密点石鮰长有独立且锋利的胸刺，相连的腺体会分泌出一种物质，这种物质会让伤口变得更加疼痛。它们的体形较胖，体色为浅灰色、棕黄色或棕褐色。身体两侧长满了浅棕色的斑点，鳍主要以暗色调为主，仅端部颜色较浅。因为它们在日落后的活动较频繁，所以对水质的清洁度要求很高，以昆虫和幼虫为食。

Hypancistrus zebra
斑马下钩甲鲶

体长：6.4 厘米
体重：无数据
保护状况：未评估
分布范围：巴西

斑马下钩甲鲶栖居在有淤泥或是沙砾的水流底部。鳞片上有骨甲，但腹部是光滑的。口位于腹部，以吸入的方式摄取食物，如吸盘一样，紧贴着河底扫荡并吸食猎物。背鳍和胸鳍有坚硬的棘刺，用于抵御敌人。白色的身体上从头至尾布满了倾斜的黑色横纹。

Pterygoplichthys multiradiatus
多辐翼甲鲶

体长：6.5~7.8 厘米
体重：无数据
保护状况：未评估
分布范围：南美洲

多辐翼甲鲶全身都被硬骨板或骨甲覆盖。底栖鱼类，通常在池塘、沼泽以及河流底部的淤泥中活动。卵生，雄鱼会将受精卵放入自己颌部下方的一个腔室中，直到它们长

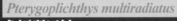

视觉
光线充足时，眼瓣会将瞳孔遮住，黑暗时便打开。

成幼鱼才会从这里出去。它们的产卵期在 10 月至 11 月，会随着纬度的不同而变化。

以藻类、其他鱼类的卵或鱼苗为食，也可以摄取食物碎屑和腐肉。

体形小而细长，头扁平，眼小且突出，胸鳍和背鳍很大。身体底色为深棕色，上面布有蜘蛛网状的花纹，棕色和白色交叉混织。

Plotosus lineatus
线纹鳗鲶

体长：14~32 厘米
体重：600~816 克
保护状况：未评估
分布范围：印度太平洋

线纹鳗鲶是此科鱼类中唯一一个在印度洋和太平洋珊瑚礁水域中栖息的品种。虽然这是它们主要的生存环境，但它们也可以变成广盐性生物与河湖间洄游的鱼类，在河口、沼泽及非洲沿海开阔海域生存。体表无鳞，根据年龄的不同，体色也截然不同。在幼鱼时期全身呈黑色，随着年龄的增长转变为棕色，发育为成鱼时身上会出现鲜亮的黄色或米白色的等身长条纹。

嘴周围长有 4 对触须，并延伸至眼眶后方，这些触须可用于在沙底中探寻猎物。它们以藻类、甲壳类动物、软体动物以及其他无脊椎动物为食，偶尔也会改变口味，以小型鱼类为食。

它们是夜行性动物，白天时喜欢藏身于珊瑚的凸起处。在幼鱼时期它们喜欢群居，成鱼后就各自栖居或采取不超过 20 个成员的小组式生活。卵生鱼类，雌鱼会将卵产在海底的巢穴中。

毒刺
它们胸鳍和第一个背鳍上长有许多棘刺，这些棘刺都是带有有毒的腺体

合作
幼鱼们通常是以密集紧凑的鱼群形式一起游移，这样可以伪装成大型动物，防止敌人的攻击。

Phractocephalus hemioliopterus
红尾护头鲿

体长：0.6~1.34 米
体重：44.2 千克
保护状况：未评估
分布范围：巴西、委内瑞拉、秘鲁以及圭亚那的亚马孙河流域

红尾护头鲿遍布在亚马孙河和奥里诺科河温暖的流域，从水流湍急的水域到被水淹没的丛林都能够见到它们的身影。它们名字源于尾鳍呈现出的颜色——红色或橙色。

它们是第三纪中新世时期唯一一种存活下来的鱼类。性情好斗，具攻击性，以鱼类、蟹类以及掉落在水中的果类为食。它们是夜行性鱼类。

人类对它们的生活习性和生殖规律都了解甚少，只知道它们是卵生鱼类，并进行体外受精。因为它们不会在产后照顾其后代，所以它们的生殖能力很强。

通常，随着雨季的到来，它们的生殖繁衍也进入了高峰期。

幸运色
南美原住民部落的人民不会捕食此类鱼，因为他们只吃白色的鱼肉，而此鱼的肉为深色。

长胡须
它们长有3对触须，上面布满了味蕾以及嗅觉和触觉的乳突。

Pseudoplatystoma fasciatum
条纹鸭嘴鲶

体长：0.53~1.04 米
体重：45~70 千克
保护状况：未评估
分布范围：南美洲

条纹鸭嘴鲶拥有 3 对胡须，其中 1 对带有触觉。雌鱼的体形比雄鱼大很多，习惯在日落后活动，以鱼类、软体动物以及甲壳类动物为食。

在春季到来的时候，它们会游到河流上游繁衍后代，产下的鱼卵会随着水流漂泊至它们之前居住的地方。泰普和雅西雷达大坝的修建切断了它们洄游的路线，它们赖以生存的自然环境已经减少了 44% 的面积。

Clarias batrachus
胡鲶

体长：26.3~47 厘米
体重：1.2 千克
保护状况：无危
分布范围：东南亚

胡鲶喜欢水流缓、多淤泥的环境，大多栖息于天然池塘、沼泽、沟渠、稻田以及有积水的洼地中。因为有辅助的呼吸器官，所以离开水后还可以生存一段时间。属杂食性鱼类，以水生植物、昆虫的幼虫及其他无脊椎动物为食。

那些准备繁衍后代的小夫妻们会提前在底层筑巢。雌鱼可产近千个卵，它们黏附成一团，由雄鱼负责保护。大约 30 个小时后，小鱼苗就被孵化出来了，之后的 2~3 天里，小鱼苗们以卵黄囊中剩余的营养维生。它们是无法在低温水域存活的。当天气转冷后，它们便会躲到温暖的深水区域避寒或是冬眠，等待春天的到来。

有害品种
它们在世界自然保护联盟（IUCN）颁布的全球百种恶性外来入侵物种的名单中榜上有名。

步行鱼
在旱季，它们可以利用胸刺在池塘间行走

Silurus glanis
欧鲶

体长：3~5 米
体重：150~306 千克
保护状况：无危
分布范围：欧洲和亚洲

欧鲶栖息在污泥底部的水体中，偶尔也会在低盐度的沿海地区见到它们的踪影。

它们的皮肤上像涂抹了一层黏胶液，无鳞，长有许多感觉细胞，可以吸收氧气并排出二氧化碳，因此，它们可以忍受缺氧的环境，而且离开水环境也可以生存。它们习惯夜间活动，白天藏身于植物当中。它们以鱼类、幼虫以及其他无脊椎动物为食。

Sorubim lima
铲吻油鲶

体长：23.2~54.2 厘米
体重：1.3 千克
保护状况：未评估
分布范围：南美洲

铲吻油鲶栖息于亚马孙河、奥里诺科河、皮科马约河、巴拉那河以及巴拉圭河流域。白天隐身于浸在水下的树根中，夜间出来行动，以鱼类、甲壳类动物、昆虫、碎屑、植物以及牧草的种子为食。春季快结束的时候，它们会开始大规模的洄游行动，寻找一个适合繁衍后代的地方。它们是体外受精，受精后不负责照顾后代。

Vandellia cirrhosa
卷须寄生鲶

体长：6~17 厘米
体重：无数据
保护状况：未评估
分布范围：南美洲

卷须寄生鲶的俗名源于它们的一种行为，吸血鲇鱼会钻入大鱼的鳃腔或其他动物的泌尿系统中吸血，所以被称为"蓝色吸血鬼"。其实它们并不是吸血，而是停留在寄主的体内，用棘钩住其动脉，让血液流入自身的循环系统中。它们是唯一一种可以寄生于人体的脊椎动物。它们每时每刻都处于活动状态，随时准备着"吸血"。

Malapterurus electricus
电鲶

体长：1.22 米
体重：20 千克
保护状况：无危
分布范围：非洲

电鲶的肌肉组织带有一个发电器官，几乎遍布全身。发电电压在 300~400 伏，用于捕捉猎物和自卫。主要以食肉为主，最大可摄食为它自身身长一半的鱼类。

电鲶偏爱夜间活动，因为它们可以快速对光线的变化做出反应。性情好斗，坚决捍卫自己的地盘。

三文鱼及其亲缘鱼类

| 门：脊索动物门 |
| 纲：辐鳍鱼纲 |
| 目：鲑形目 |
| 科：鲑鱼科 |
| 种：66 |

此类鱼绝大部分生活在海洋中，随后它们会洄游至河流产卵，栖居于清澈的冷水水域。它们是肉食性鱼类，通常体形较大。其肉质鲜美，深受人们尤其是广大垂钓爱好者们的喜爱。它们中的大部分品种面临着过度捕捞的危险，还有一部分远离故乡，迁移到了偏远的地方。

Coregonus lavaretus
真白鲑

体长：73 厘米
体重：10 千克
保护状况：易危
分布范围：瑞士日内瓦湖和法国布尔歇湖

真白鲑的鱼体长并呈银色。嘴小，上颌部可伸缩（可以向前移动），尾鳍上总共有 19 根鳍条。

真白鲑属于群居性鱼类，栖息在潟湖和河口水域环境中，以甲壳类动物为食，也包括部分浮游生物，甚至包括咸水中较大的物种。它们溯河洄游产卵：在河中出生，迁徙至海洋成长发育，最后又回到河中产卵。每年 12 月时游到河中产卵。洄游的距离可超过 100 千米。

自 20 世纪起，它们就离开了日内瓦湖，离开的原因至今仍是个谜。目前，它们在其他分布区域还没有面临生存的威胁，但是外来物种的介入在将来可能会引发问题。

Salmo trutta
褐鳟

体长：0.7~1.4 米
体重：20~50 千克
保护状况：无危
分布范围：欧洲，引进所有的大洲

褐鳟的鱼体呈纺锤形，嘴大，牙齿很发达。体色为灰色，带有圆形斑点。背部长有一个脂鳍，边缘呈红色。分布广泛，栖居于小溪、河流、湖泊和潟湖中，新生鱼在出生后前几年栖息于淡水水域，之后迁徙到海洋继续成长发育，时间从 6 个月至 5 年不等。雌鱼选择产卵的地点，雄鱼则在旁边巡视，防御其他雄鱼。它们体外受精，卵子和精子几乎同时产出。在小鱼苗们被孵化的前几天，它们以吸食自己的卵黄囊维生。成鱼是肉食性鱼类，以多种水生无脊椎动物、飞虫、鱼类为食，偶尔也会摄食两栖动物。

虽然此鱼的数量丰富，不存在生存问题，但一些水域的水体污染也对它们的栖居造成了影响。

斑点
斑点很圆，内部呈黑色或红色，外圈为白色。

行动
它们的动作敏捷、迅猛，可以跳出水面捕捉猎物。

异域风情
现在全球各地都可以见到它们的踪影，已对本地物种造成了负面影响。

父母的关照
在受精成功后，雌鱼会用碎石将鱼卵遮盖起来。

Hucho hucho
多瑙哲罗鱼

体长：0.7~1.5 米
体重：20~52 千克
保护状况：濒危
分布范围：多瑙河流域，并引入了其他
欧洲河流域

纤细的身形
体形呈圆柱形，体色为棕红
色，并具有铜色光泽。

多瑙哲罗鱼是鲑鱼类中体形最大的品种之一。栖息于清澈且含氧量多的河流和小溪及水流适度的冷水水域。属于群居性鱼类，会集体守卫领土。口大，牙齿呈圆锥形，非常锋利，可以捕食大型猎物，如鱼类、两栖动物、爬行动物、水禽以及小型哺乳动物。它们洄游至河流上游生殖繁衍。雌鱼和雄鱼会把受精卵遮盖好，小鱼苗们会在 25~40 天之内破卵而出。大约在 100 年前，它们遭受了一次重大的变故，导致数量大幅减少，而现在它们也处于濒临灭绝的状态。导致这种现状的原因是多种多样的。污染、砍伐森林导致的水温上升，游钓和商贸交易，尤其是水坝的修建，改变了它们的栖息环境，阻碍了其洄游的路线。

Oncorhynchus keta
大马哈鱼

体长：0.5~1 米
体重：8~15.9 千克
保护状况：未评估
分布范围：太平洋北部以及溪流沿岸

大马哈鱼与其他鲑鱼品种最大的区别就在于它们的背部和两侧上长有特殊的斑点。雄鱼鳍的端部像是被涂染了黑色的染料。成鱼栖息在海洋中，到性成熟后便会洄游至河流的上游。

雌鱼会挖一个像井一样直径为 1 米、深为 0.5 米的巢穴，雌鱼将卵产在这里，授精完成后雌鱼便会把巢穴遮盖住。雌鱼和雄鱼双方便可与其他鱼继续交配，并建立新的巢穴。持续一个星期后，它们的生命也走到了尽头。小鱼苗们成群地游动至河口。在岸边生活几个月后，便各自游向大海。它们会在浅海层活动，主要以桡足类动物、被囊类动物和磷虾为食。经过 3~4 年的成长发育后，它们会回到出生的河流中生殖繁衍后代。

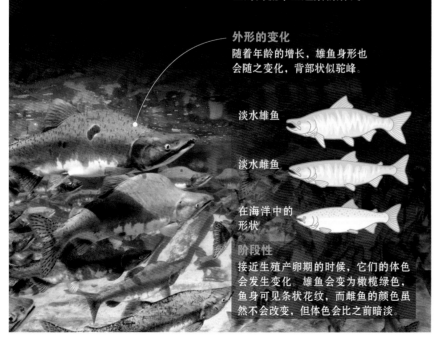

外形的变化
随着年龄的增长，雄鱼身形也会随之变化，背部状似驼峰。

淡水雄鱼

淡水雌鱼

在海洋中的
形状

阶段性
接近生殖产卵期的时候，它们的体色会发生变化。雄鱼会变为橄榄绿色，鱼身可见条状花纹，而雌鱼的颜色虽然不会改变，但体色会比之前暗淡。

Prosopium williamsoni
山地柱白鲑

体长：15~70 厘米
体重：0.5~2.9 千克
保护状况：未评估
分布范围：北美洲

山地柱白鲑身形修长，口小，吻尖，体色通常呈银色，背部以及背鳍为深色调。栖息于水流湍急的湖泊和小溪中，以底栖动物如软体动物、水生昆虫幼虫、鱼类以及其他鱼类的卵为食。

Hucho taimen
哲罗鲑

体长：0.75~2 米
体重：13~105 千克
保护状况：未评估
分布范围：欧洲和亚洲

哲罗鲑的头部和鱼身两侧长有十字形或半月形的斑纹。栖息于山中的河流及富氧的冷水水域。以鱼类、爬行动物、两栖动物、啮齿类动物以及鸟类为食。领土保护意识极强。为了捕捉食物，成鱼会花大量时间藏在一个狭小的区域里。

Oncorhynchus mykiss
虹鳟

体长：0.6~1.2 米
体重：4~25.4 千克
保护状况：未评估
分布范围：太平洋北部，引入了所有的大洲

虹鳟中的一些个体生活在淡水水域，栖息于冷水的小溪、河流、湖泊中，以无脊椎动物为食。另一些则生活在海洋中，主要以鱼类和头足类动物为食。栖居在海洋和河流中的鱼类体色为银色，颜色偏淡但更加明亮。

Oncorhynchus nerka

红鲑

体长：84 厘米
体重：7 千克
保护状况：无危
分布范围：亚洲东北部以及北美西部和西北部

受精
当鱼卵落到石头上时，雄鱼开始授精。

红鲑是全球三文鱼种类中数量较庞大的品种，可见由数千只个体组成的鱼群。它们与其他品种的三文鱼最主要的区别在于鳍上无斑点，但是当它们进入产卵期时，身体就会发生显著的变化。它们之中有一种名为科尼卡的变种，其体形更小，不迁徙到海洋中。

食物

幼鱼以介形类动物、枝角类动物以及昆虫的幼虫为食。到了海洋中，则以距离水面 20 米左右的浮游生物为食，主要是甲壳类动物。成鱼还会以鱿鱼和其他鱼类为食。

威胁

由于过度捕捞、河流流向的改变以及孵化地点的管理不当等因素，它们中的一些群体正在减少。

贸易
人类对它们的需求量非常大，或以鲜鱼的形式交易，或是用盐腌制和熏制的方法，做成罐头或者冷冻后流入市场。

寻根

红鲑在海洋中生活 5~6 年后，三文鱼会回到自己出生的河流进行产卵繁衍。强大的嗅觉再加上视觉的应用，让它们具有了识别方向的能力。同时，也有人指出，它们是在地磁的引导下移动的，并具有辨别水的盐度的能力。在横渡过程中，它们必须克服非常大的障碍，为它们的生命而战斗。因为在此过程中，它们要逆流而游，向上跳跃以及躲避敌人，所以能量消耗非常大。

逆流而上
三文鱼需要游向河流的上游，而这一行为主要依靠尾部发达的肌肉组织来推动它们逆流而上。

2~3
从河流游至海洋需耗时2~3 个月。

洄游路线
红鲑的分布受海洋温度的限制。它们当中的一部分从太平洋洄游至美国和加拿大的河流流域，而另一部分洄游至阿拉斯加州和东亚地区。它们洄游的时间是在夏季，所抵达河流的最高海拔为1000 米。

颜色
它们在海洋中呈蓝色和银色，但是在产卵的时候，体色则变为亮红色。头部为绿色。

转变
它们的下颌骨和下颌前端较长且呈弯曲状，这样的构造方便它们挖洞筑巢。

性别二态性
在产卵时期，雄鱼和雌鱼的体形是不同的，雄鱼的体色会变为艳丽的红色，颜色非常引人注目，背部会呈驼峰状。

6 年
从出生到生长为成鱼需要6 年的时间。

生命的颜色
太平洋红鲑栖居在海洋中，但是它们会回到淡水中生殖产卵。每年都会进行洄游。产卵后不长的时间，成鱼便会死亡。它们的小鱼苗会在河中生活1~2 年，然后回到父母生前栖居的海洋定居。

在河流中

1 逆流而上
为了抵达产卵的河流流域，它们需要从海洋向河流上游游动。在漫长的旅途中，它们随时可能成为猛禽以及肉食性动物的食物。

3 产卵和受精
雌鱼 可 产2500~5000 枚卵，雄鱼会找到那些落在石头上的鱼卵进行授精。

2 生殖繁衍
它们回到自己出生的地方，并在此产卵。雌鱼忙着筑巢，雄鱼则忙着争抢伴侣。

4 孵化
只有40 % 的卵可以被孵出，小鱼苗们在这里生活将近2 年后，便会游向大海。

在海洋中

7 新的居所
顺利抵达海洋后，它们可以在这里生活将近4 年的时间，之后它们便要踏上洄游繁衍后代之路了。

5 死亡
成鱼在艰辛的旅途以及产卵的过程中耗尽了能量，产卵后没几天便力竭而亡。

6 迁徙
年轻的小鱼们开始了它们向海洋迁徙的旅程，在旅途中，它们会面临猛禽以及肉食性动物的攻击和捕食。

美国
阿拉斯加州
亚洲

1600 千米
们可以跨越1600 千的距离去进行生殖行。

Salvelinus fontinalis
美洲红点鲑

体长：86 厘米
体重：9.4 千克
保护状况：未评估
分布范围：北美洲东部

　　根据生活环境的不同，美洲红点鲑在习性上有很大差异。一部分栖息于清澈且含氧量高的小溪、冷水池塘及中型河流中，每年春夏两季洄游较短距离至上游。而另一些则栖居在海水中，俗称广盐性生物的鱼类，仍然只能溯河洄游至河流中产卵。为了产卵它们需要跨越非常远的距离。

　　美洲红点鲑以各种各样的无脊椎动物为食，随着年龄的增长会越来越

决斗
它们不能忍受与其他冷水性物种共同生存，当它们需要和其他种类的鲑鱼争抢生态区位时，生存率会明显降低。

喜欢吃鱼类。它们可以在水中捕食小型的脊椎动物，像蟾蜍、鲵、蛇以及啮齿类动物。生活在小溪中的鲑鱼们很早就会建立自己的领地，并加以积极保护，它们的这种行为也会根据所在环境的不同或是摄取食物的不同而发生改变。

　　在生殖繁衍期，雄鱼会向雌鱼求偶。当雌鱼接受后，它们会在底层选择一个

地方挖洞筑巢，将卵产在巢穴中，而雄鱼则会在周围游动，一边用身上的鳍轻触着雌鱼，一边防御其他雄鱼的接近。之后，雌鱼和雄鱼会进入洞穴中产出卵子和精子，最后，雌鱼会用小石子将巢穴掩盖住。

鲜明的色彩
背部和背鳍都是深绿色的，这也是它们与其他鲑鱼类的不同之处。其侧面也呈绿色，但颜色较浅。

斑点
呈灰白色或红色，边缘呈蓝色。

颌部
在生殖产卵期，雄鱼的下颌处形成钩状。

Salvelinus alpinus
北极红点鲑

体长：1~1.2 米
体重：15 千克
保护状况：无危
分布范围：北美洲北部沿岸、欧洲以及亚洲

　　北极红点鲑身上长有鲑鱼类典型的小斑点，呈红色或粉色。通常，根据时令、性成熟程度以及区域的不同，鱼体的颜色也各不相同。一些栖居在清澈的冷水湖泊及河流中的群体并没有洄游的习性，以底栖无脊椎动物以及浮游无脊椎动物为食。而那些溯河洄游的群体大部分时间在海洋沿岸生活，以鱼类为食。

Salvelinus namaycush
湖红点鲑

体长：1.5 米
体重：32.7 千克
保护状况：未评估
分布范围：美国西北部

　　湖红点鲑的鱼体颜色从深绿色至灰色不等，长有白色或黄色的小斑点。它们有不同的饮食习惯，有些群体的食物非常多样化（淡水海绵、甲壳类动物以及鱼类）；其他群体的

食物则很单一，一生只以浮游生物为食，这种鱼生长缓慢，体形偏小，性成熟期比较早，寿命较短。20 世纪中期，过度捕捞以及苏必利尔湖七鳃鳗（海七鳃鳗）的引进造成了湖红点鲑的数量急剧下降，在采取保护措施后才逐渐好转。

斑点
体色为绿色，背部和两侧带有乳白色斑点。

尾部特征
尾鳍分叉明显。

色彩
胸鳍、腹鳍和臀鳍的颜色由橙色向红色转变。

Thymallus thymallus

茴鱼

体长：60 厘米
体重：6.7 千克
保护状况：无危
分布范围：欧洲

茴鱼的体色为蓝色，并长有紫色条纹，两侧带有不规律的深色斑点。栖息于水流湍急且含氧量丰富的石底河流中，也会在一些清澈的湖泊中见到它们的踪影，也有极少数出现在咸水中的情况。它们居住在岩石后面的空隙中以及植物的阴影下。为了产卵，它们会进行短距离的迁徙。产卵时间一般为春季满月时。雄鱼们从一早便开始在产卵的地点守卫，在下午气温最高的时候与雌鱼交配，雌鱼将卵产在河底。小鱼苗们出生之后会在这里度过一段时间，以自身卵黄囊中的营养维生。

背鳍
从它们的体形来讲，背鳍尺寸较大，且边缘呈红色。

总量
此类鱼的数量庞大，但在一些地方由于污染的影响，它们的数量正在减少。

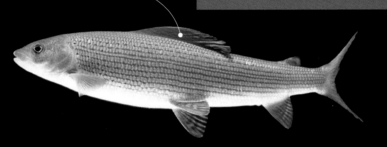

Salvelinus confluentus

强壮红点鲑

体长：0.91 米
体重：14.5 千克
保护状况：易危
分布范围：加拿大西北部以及美国

强壮红点鲑的腹鳍前部的空白处可见一条白线。在生殖产卵时期，雄鱼的体色会变得非常艳丽，腹部呈红色。栖息于湖泊和大型的河流中，这些湖泊与河流大部分都在有冰川和积雪的山上。它们长至性成熟后，便会进行远距离洄游，并将卵产在河流的支流中。小鱼苗们在那里出生和成长，停留时间一般是 1~3 年。

门：脊索动物门	
纲：辐鳍鱼纲	
目：胡瓜鱼目	
科：14	

南乳鱼及其亲缘鱼类

生活在海水水域以及淡水水域中，除了少数几个品种外，大部分都在淡水水域中产卵。鱼鳍无鳍棘，有些品种长有脂鳍。

Mallotus villosus

毛鳞鱼

体长：20 厘米
体重：52 克
保护状况：未评估
分布范围：北极周边

毛鳞鱼的背部为橄榄色，腹部及两侧呈银白色。毛鳞鱼习惯群体生活，是中上层杂食性鱼类，以小型鱼类、桡足类动物、端足类动物以及其他浮游无脊椎动物为食。在春季的时候，性成熟的单鱼组成大型鱼群洄游至海岸边产卵，一般雄鱼先抵达产卵地点。有时，它们也会洄游至咸水区域，有些甚至游到了河的上游。

Galaxias maculatus

大斑南乳鱼

体长：19 厘米
体重：无数据
保护状况：未评估
分布范围：大洋洲以及南美洲南部

大斑南乳鱼的头小，鱼身细长，体色呈金绿色，头部以及两侧长有深色斑点，无鳞。栖息在近海的湖泊、溪流以及平静的河流中。以甲壳类动物以及陆生昆虫和水生昆虫为食。成鱼栖居在淡水中，游至下游河口产卵，不会游入大海。大量成鱼在产卵后死亡，但有一些可以再活一年的时间。

Aplochiton taeniatus

条斑单甲南乳鱼

体长：33.4 厘米
体重：无数据
保护状况：未评估
分布范围：安第斯南部

条斑单甲南乳鱼属于南乳鱼科，但形态更接近鲑科鱼类。体色为绿褐色，两侧呈银色，腹部为乳白色。雌鱼体形比雄鱼大。可见与全身等长的侧线。主要栖息于湖泊中，可向海洋和河流两种方向洄游。以昆虫和甲壳类动物为食。外来鲑鱼品种的引入以及其群体的不稳定性是它们面临的最大威胁。

白斑狗鱼及其亲缘鱼类

| 门：脊索动物门 |
| 纲：辐鳍鱼纲 |
| 目：狗鱼目 |
| 科：2 |
| 种：12 |

栖息于北半球北方地区的淡水水域或咸水水域中，一般所在的水域岸边都有着茂盛的植被。体形较大，身体和面部细长，口阔，齿多且锋利，尾部分叉，身披大量细鳞，鳍无棘刺。它们是贪婪的肉食性鱼类，偷偷埋伏，伺机而动，以鱼类和无脊椎动物为食。

Esox lucius
白斑狗鱼

体长：40~150 厘米
体重：5~35 千克
保护状况：无危
分布范围：北美洲和欧亚

白斑狗鱼是淡水中的捕食者，鱼体细长，头部非常发达，眼大，脸扁平，口阔，颌骨上长有锋利的牙齿，有鳃弓和舌头。背鳍位置非常靠后，接近腹鳍位置。背部与两侧为褐绿色，布满了斑点以及清晰的线条，腹部呈白色。栖息于清澈的河流、湖泊以及水库中，适宜水温为 10~28 摄氏度，而且岸边最好有大量植物可供容身、保卫领地及产卵。在隆冬时节，雌鱼会产下大量的卵子，每千克约有 3.6 万枚卵子，数量远远大于雄鱼的排精量。它们以鱼类、蟹类、两栖动物、鸟类、小型哺乳类动物为食，甚至吞食自己产下的小鱼苗以及幼鱼。它们会用很长时间偷偷地跟踪猎物，然后快速地将它们捕食。它们被引进到澳大利亚和新西兰后，对当地物种，包括两栖动物、爬行动物和水鸟都造成了很大威胁。

领地
它们会用粪便来标记领土，同时根据信息素加以辨识。

嘴
它们的嘴很宽，可以捕食体形较大的猎物。

Esox masquinongy
北美狗鱼

体长：90~150 厘米
体重：5~30 千克
保护状况：无危
分布范围：北美洲

与白斑狗鱼很相像，北美狗鱼为杂交品种，体色在银色至绿色之间变化，两侧长有纵向深色条纹。栖居于清澈平缓的湖泊中，以植物或岩石遮挡身体，不断地在自己的地盘上巡视觅食。以鱼类、甲壳类动物、两栖动物、幼鸟、蛇类以及小型啮齿动物为食。春季的时候，雌鱼会在雄鱼的地盘上产卵，它们将卵产在底部的沙土或岩石上。幼鱼有可能成为成鱼或者其他狗鱼、河鲈以及鸟类的猎物。

Esox reicherti
黑斑狗鱼

体长：50~110 厘米
体重：2~16 千克
保护状况：未评估
分布范围：亚洲东北部

黑斑狗鱼仅栖息于黑龙江流域以及库页岛，但已被引进美国。同其他狗鱼很相似，只是鳞片比较细小，头部也完全被覆盖，两侧为灰绿色，鳍上长有黑色圆点。生活在平静宽广且植被较少的河流和湖泊的沿岸。以各式各样的鱼类为食，尤其是鲫鱼（*Carassius auratus*）。

Esox niger
暗色狗鱼

体长：60~76 厘米
体重：1~2 千克
保护状况：未评估
分布范围：北美洲东部

暗色狗鱼的背部呈橄榄绿色或黄褐色，腹部为乳白色。两侧有深色链条式的图案。下颌突出并长于上颌，且长有 4 个感官孔。栖居在富含植物的淡水水域，便于它们潜伏其中，并快速捕食经过的鱼。12 月至次年 2 月为产卵期，卵呈链状黏附在植被上由雄鱼授精。

深海鱼

门：	脊索动物门
纲：	辐鳍鱼纲
目：	巨口鱼目
科：	4
种：	321

深海鱼为小体形的鱼种，身体侧扁，身形较高。栖息于全球各大洋 500~2000 米深的水域中。属肉食性鱼类，嘴和身体都具有扩张性，可以吞噬体形较大的猎物。它们长有发光器官，可以躲避阴影，防止敌人的袭击。卵生。

Argyropelecus hemigymnus
半裸银斧鱼

体长：3~5 厘米
体重：无数据
保护状况：无危
分布范围：全球性

半裸银斧鱼生活在 200~1000 米深的海洋环境中。白天它们在 350~550 米深的区域栖息，夜晚上升至 150~380 米深的水域，常常会将自己搁浅在沙滩上。鱼体为闪亮的银色，但晚上体色会变为暗色调。头部和腹部具有完整的发光器官，带有透镜和反光膜。雄性体形较小。它们是伺机捕食者，行动敏捷，日落时分觅食，以桡足类、鱼类、海洋蠕虫以及鱼卵为食。同时，它们也会是其他鱼类的食物，像是鲯鳅（*Coryphaena hippurus*）以及欧洲无须鳕（*Merluccius merluccius*）。卵生，体外受精。

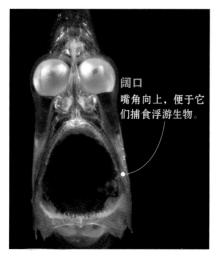

阔口
嘴角向上，便于它们捕食浮游生物。

Argyropelecus affinis
长银斧鱼

体长：2.7~8.4 厘米
体重：无数据
保护状况：未评估
分布范围：全球性

长银斧鱼栖息于水深 300~600 米的中层水域。在各大海底突起地貌中均可见到它们的身影，尤其是热带和亚热带区域。体形小，侧扁，眼大并向上，嘴同眼一样，大且向上。因为栖居的地方光线非常稀少，所以它们的视觉功能异常发达。背部呈深色，两侧为银色。

头部和身体都具有点状的发光器官。它们的食物既包括体形很小的桡足类以及介形类动物，也包括体形较大的磷虾、樽海鞘和毛颚虫。

Sternoptyx pseudobscura
拟低褶胸鱼

体长：5~6 厘米
体重：无数据
保护状况：未评估
分布范围：全球性

拟低褶胸鱼身体长而高、侧扁，眼睛位于两侧，嘴向上，舌面上长有小结节。背部呈深色，两侧为银色。尾鳍底部可能会有一个狭窄的色带，臀鳍上还长有一个三角形透明的薄膜。腹部、眼部以及身体都带有发光器官。

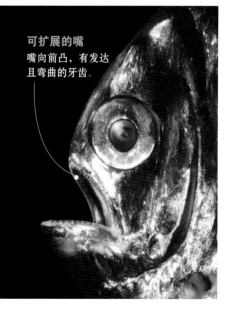

可扩展的嘴
嘴向前凸，有发达且弯曲的牙齿。

Gonostoma elongatum
长钻光鱼

体长：27.5 厘米
体重：无数据
保护状况：未评估
分布范围：全球性

　　长钻光鱼为深海鱼，栖息于距海岸 600~3000 米的海域，身体细长，从头部至尾部逐渐变细，尾部呈尖状。白天潜伏在深海，晚上会浮到水面附近活动。体色主要为黑色，两侧为银色，鳍端部的颜色深于整个鳍的主色调，臀鳍和胸鳍的一些部位是无色的。它们以小型鱼类和甲壳类动物为食。在头部和鱼体下半部有呈直线状排列的发光器官，可以发出绿色或红色的光。由于它们居住的深海区域无法见到光线，因此才拥有了此种特性。属于卵生鱼类，雌雄同体，具有雌雄两种生殖性器官，自交繁殖。

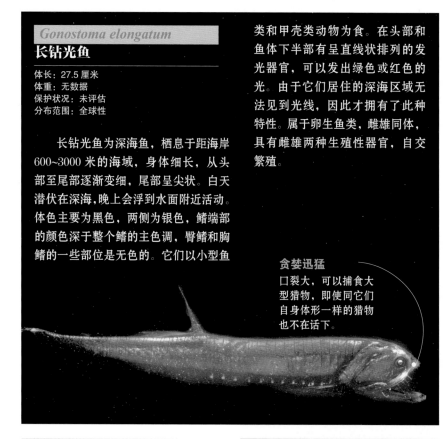

贪婪迅猛
口裂大，可以捕食大型猎物，即使同它们自身体形一样的猎物也不在话下。

Diplophos taenia
细双光鱼

体长：20 厘米
体重：无数据
保护状况：未评估
分布范围：全球性

　　细双光鱼中等体形，鱼体较长，前部较后部厚实，口大。背鳍的鳍条较少（10~11 根鳍棘），后臀鳍很长，从腹部的中部一直延伸至尾部（59~72 根鳍条）。尾鳍、前臀鳍以及胸鳍较小。体色为黑色，两侧侧线延至全身。白天时，栖息于大约 1500 米深的深水中，日落后它们会上浮活动，有时可到达水面。它们的发光器官构造复杂。主要以磷虾为食，有时也会互相残杀，它们所捕食的猎物有时比自己的体形还要大。

Vinciguerria attenuata
狭串光鱼

体长：4.6 厘米
体重：无数据
保护状况：未评估
分布范围：全球性，两极地区除外

　　狭串光鱼出没于温带海洋 100~2000 米深的辽阔水域中。像大多数深海物种一样，成鱼和幼鱼都会在海洋中进行垂直洄游。

　　其惊人的适应机制可以让它们承受深海中巨大的压力，也可以让它们在没有光的情况下成长。然而在没有光的环境中，无论是捕食猎物还是躲避捕食者都是很困难的事情。它们以小型甲壳类动物为食。身形呈圆柱形，身体上半部为暗灰色，下半部呈银灰色。与身体相比，头部和眼睛较大。背鳍上长有 13~15 根鳍条，胸鳍 16~18 根，臀鳍的鳍条数在 13~16 根之间。具有发光器官。它们最主要的敌人是鲯鳅，俗称"鬼头刀"。

Melanostomias biseriatus
双光黑巨口鱼

体长：25 厘米
体重：无数据
保护状况：未评估
分布范围：非洲和美洲的大西洋海域

　　双光黑巨口鱼体色在黑色与深棕色之间，栖息于北纬 35 度至南纬 22 度之间的太平洋海域，栖息深度为 620~760 米。它们的身形细长，体后部有些扁平。背鳍和臀鳍位置靠后，成对生长。背鳍的鳍条有 13~16 根，臀鳍则有 17~18 根。腹鳍和胸鳍非常小（分别有 5~7 根鳍条）。身体下部具有两排平行的发光器官，一侧一排，能发出惊人的亮光，让捕食者不敢靠近。口中上颌骨和前颌骨处都长有长长的牙齿，易碎。眼部无发光器官。

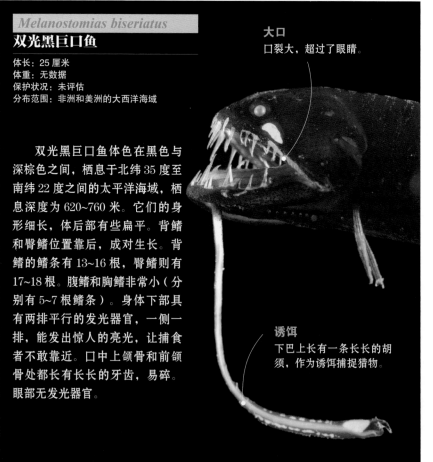

大口
口裂大，超过了眼睛。

诱饵
下巴上长有一条长长的胡须，作为诱饵捕捉猎物。

Lampadena luminosa
发光炬灯鱼

体长：20 厘米
体重：无数据
保护状况：未评估
分布范围：全球性

光保护
发光器官位于尾巴周围，当遭到攻击时，可以用来混淆敌人。

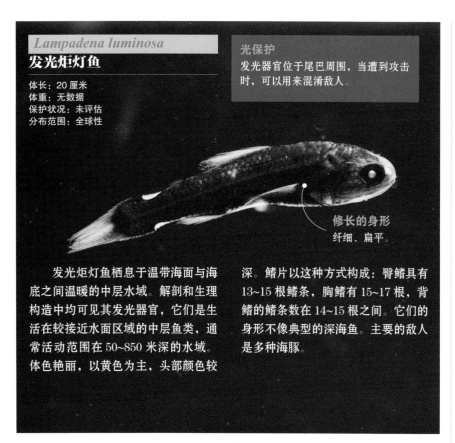

修长的身形
纤细、扁平。

发光炬灯鱼栖息于温带海面与海底之间温暖的中层水域。解剖和生理构造中均可见其发光器官，它们是生活在较接近水面区域的中层鱼类，通常活动范围在50~850米深的水域。体色艳丽，以黄色为主，头部颜色较深。鳍片以这种方式构成：臀鳍具有13~15根鳍条，胸鳍有15~17根，背鳍的鳍条数在14~15根之间。它们的身形不像典型的深海鱼。主要的敌人是多种海豚。

Chauliodus sloani
蝰鱼

体长：30~35 厘米
体重：无数据
保护状况：未评估
分布范围：全球性

蝰鱼属于海洋性鱼类，栖息深度非常深，在300~4700米。体色为黑色或深灰色，并带有银色或蓝色的光泽。全身被鳞片覆盖，一般背鳍有6根鳍条，前臀鳍的鳍条数大约为13根，相当于背鳍中最长的鳍棘的长度。腹部两侧有色素区域，具有一个或多个发光器官。

它们用巨大的牙齿捕食，以鱼类和甲壳类动物为食。它们的敌人主要是金海豚、弗氏海豚、三个品种的鳕鱼（无须鳕属）以及橘棘鲷。卵生，冬末春初为产卵期。

可以栖息于温暖水域，也可生活在寒温带水域（两极附近除外）。

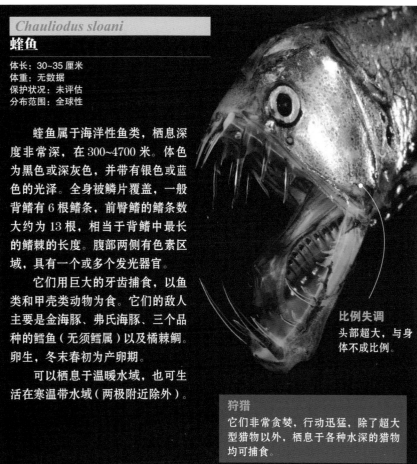

狩猎
它们非常贪婪，行动迅猛，除了超大型猎物以外，栖息于各种水深的猎物均可捕食。

比例失调
头部超大，与身体不成比例。

Echiostoma barbatum
单须刺巨口鱼

体长：36 厘米
体重：无数据
保护状况：未评估
分布范围：全球性

单须刺巨口鱼栖息于温带的温暖水域。鱼体呈纺锤形，前部较厚，头大且是身体最厚的部位。背鳍和臀鳍为对生，位于身体偏后的位置，几乎与尾鳍连接。小小的前臀鳍仅长有几根鳍棘。体色为灰色，带有先进的发光机制，可用于吸引猎物。

Coccorella atlantica
大西洋谷口鱼

体长：18.5 厘米
体重：无数据
保护状况：未评估
分布范围：全球性

大西洋谷口鱼栖居于50~1000米深的海洋环境中。鱼体细长，头大，体色为深褐色或黑色。背鳍小，有11~13根鳍棘。胸鳍比较突出。

它们的牙齿长而有力，便于捕食猎物，以小型鱼类、甲壳类动物以及软体动物为食。

Odontostomops normalops
常眼齿口鱼

体长：12 厘米
体重：无数据
保护状况：未评估
分布范围：几乎分布在所有的海域，印度洋东部、地中海以及太平洋中一小部分水域除外

常眼齿口鱼栖居于温暖的温带水域，主要以鲹鱼、甲壳类动物以及软体动物（大部分为头足类）为食。它们是雌雄同体，同步生殖繁衍。鱼体细长，鱼鳍较大。

带鱼

门:	脊索动物门
纲:	硬骨鱼纲
目:	月鱼目
科:	7
种:	19

它们为海洋鱼类，体形大得惊人。体色为银色，鳍片的色彩丰富，大部分品种遍布全球所有海水水域。它们最大的特点就是鳍片上无鳍棘。它们是唯一上颌外突的鱼类。上颌可以随意滑入、滑出前颌骨。

Regalecus glesne
皇带鱼

体长: 8~11 米
体重: 272 千克
保护状况: 未评估
分布范围: 大西洋、印度洋以及太平洋

皇带鱼无背棘。鱼体全身呈银灰色，具有蓝黑色条纹以及黑色斑点。背鳍为赤红色，有 260~412 根软鳍条。腹鳍为长鳍条状。栖息于亚热带海域，能够在水下 1000 米的深度生活。无鱼鳔。它们以磷虾等甲壳类动物、小型鱼类以及鱿鱼为食。7 月和 12 月为产卵期，小鱼苗在水面可见。它们渐渐地以直线的形状成长，幼鱼时已经出现典型的特征了。虽然它们没有很大的商业价值，但人们还是对它们进行围网捕捞，新鲜贩卖。

记录
是记载中最长的硬骨鱼类。

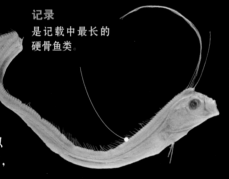

Lampris immaculatus
无斑月鱼

体长: 110 厘米
体重: 30 千克
保护状况: 未评估
分布范围: 南半球（极地）

无斑月鱼的鱼体近似圆形，侧扁，全身被细小的鳞片覆盖，体色为银蓝色，并带有许多白色斑点。鳍尖，为艳丽的橙红色。眼大，口小。它们栖息于近海及远洋水域，栖息深度为 50~485 米。以磷虾等无脊椎动物、鱿鱼以及一些小型鱼类为食。游动时胸鳍随之舞动并辅助其前进，与金枪鱼（金枪鱼属）以及鲭科鱼类组成鱼群一起行动。它们是大白鲨（*Carcharodon carcharias*）等大型鲨鱼捕食的猎物。

Stylephorus chordatus
鞭尾鱼

体长: 28 厘米
体重: 无数据
保护状况: 未评估
分布范围: 热带和亚热带海洋

鞭尾鱼的鱼体细长，两侧呈银色，背部为浅灰色，头部是深紫色。尾鳍非常长且开叉，长度可以达到身体的 3 倍。属于中层鱼类，夜晚在深度为 300~600 米之间的水域活动，白天在深度为 625~800 米的区域活动，在全球热带和亚热带水域均有分布，一个昼夜大概可进行 200~300 米的垂直迁移。呈直立状游动，眼睛像一副望远镜，可伸缩，可在昏暗的环境中捕食猎物。体色一般为浅色或是绿色。

它们以浮游生物为食，主要是桡足类。它们通过吸水捕捉猎物，然后利用鳃将水排出，同时将食物吞噬。它们的牙齿很小，无鱼鳔。

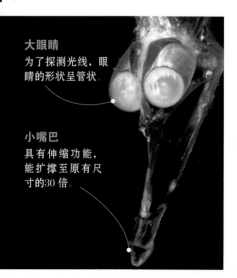

大眼睛
为了探测光线，眼睛的形状呈管状。

小嘴巴
具有伸缩功能，能扩撑至原有尺寸的 30 倍。

Trachipterus altivelis
高鳍粗鳍鱼

体长：1.83 米
体重：无数据
保护状况：未评估
分布范围：太平洋东部

　　高鳍粗鳍鱼幼鱼身体为闪光的银色，侧线上面长有深色的斑点。腹鳍呈直立状，颜色为胭脂红。背鳍前 5 根鳍条又细又长，但会随着年龄的增加而变短。成鱼的体色呈较浅的银色或绿色，鳞片周围有淡淡的斑点，背鳍的端部颜色较深，鳞片易脱落。无臀鳍，胸鳍小，幼鱼的腹鳍细长。尾部不对称，只有一个垂直立在身体上

的叶瓣。眼睛大，可以适应黑暗的环境，栖息于海洋中，最深可达 900 米的深度。幼鱼期以小型节肢动物以及小鱼苗为食，成年后可以摄食小型浮游鱼类、鱿鱼以及章鱼。卵生，鱼卵和小鱼苗都呈浮游状态。

俗称
由于体形为带状，所以俗称"带鱼"。

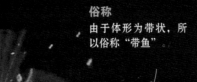

大眼睛
特别用于在深海中寻找光线。

Metavelifer multiradiatus
棘鳍后旗月鱼

体长：28 厘米
体重：无数据
保护状况：未评估
分布范围：太平洋和印度洋

　　棘鳍后旗月鱼身体侧扁，背鳍有 21~22 根鳍棘、20~23 根软鳍条；臀鳍有 17~18 根鳍棘，另外还有 16~18 根软鳍条。背鳍和臀鳍的前几根鳍棘具有回缩功能，可收折在鳞鞘内。它们是中层海洋生物，据记载，活动深度范围为40~240 米。

Eumecichthys fiski
真冠带鱼

体长：1.5 米
体重：无数据
保护状况：未评估
分布范围：大西洋、太平洋和印度洋

　　真冠带鱼的鱼体裸露，或是覆盖着易脱落的小圆鳞。头部和身体均呈银色，长有 24~60 根深色垂直条纹。背鳍和尾鳍为赤红色。头部长有一个类似角的突起。它们身体携带一个墨囊，可在泄殖腔打开，用于防卫，功能与章鱼的类似。

Velifer hypselopterus
旗月鱼

体长：40 厘米
体重：无数据
保护状况：未评估
分布范围：印度洋和太平洋

　　旗月鱼的鳍非常发达，尤其是背鳍，它的学名就源自于此（*Veli* 意为帆，*fer* 意为携带，所以 *Veli fer* 意为携带着帆）。背鳍有 1~2 根鳍棘、33~34 根软鳍条；臀鳍有 1 根鳍棘、24~25 根软鳍条；胸鳍的鳍条数为 8~9 根。身体两侧扁平，腹部颜色较深（蓝色），并带有纵横交错的深色条纹，这种情况在许多中上层鱼类中是很容易观察到的。有鱼鳔，可拉伸至肛门，具有鳃条骨，总椎骨数可达 33~34 根。

　　它们是热带海洋底栖鱼类，栖息深度可达 110 米。可能是卵生鱼类，小鱼苗呈浮游状态。

　　它们会随商业捕鱼活动的渔网一起顺带被捕捞。

Zu cristatus
冠丝鳍鱼

体长：1.18 米
体重：无数据
保护状况：未评估
分布范围：大西洋、太平洋和印度洋

　　冠丝鳍鱼的鱼体细长，被易脱落的小圆鳞覆盖，腹部轮廓为波浪形。背鳍无鳍棘，有 120~150 根软鳍条。臀鳍既无鳍棘也无软鳍条。它们拥有 62~69 根椎骨。幼鱼体色为银色，背部长有 6 条竖线，腹部长有 4 条竖线，尾柄上可见 6 个完整的黑色线圈。成鱼体色为银灰色，腹侧颜色更加暗淡。背鳍和胸鳍较长，颜色为红色，尾鳍为黑红色，越接近尾端颜色越暗。它们是深海鱼类，栖

息深度可达 90 米，在全球均有分布。成鱼以小型鱼类、甲壳类动物以及嘴巴可伸缩的鱿鱼为食。卵生，小鱼苗像浮游生物一样。游动时头竖起，尾巴向下。

小鱼苗
刚出生的小鱼苗眼睛有色素沉着，背鳍和腹鳍较长。

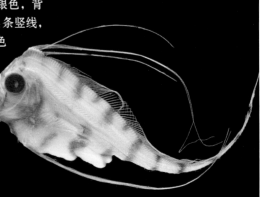

洞穴鱼

门:	脊索动物门
纲:	硬骨鱼纲
目:	鲑鲈目
科:	3
种:	9

洞穴鱼属硬骨鱼类，包括假鲈鱼。此名称的由来是它们的身形近似于真正的鲈鱼。它们栖息于内陆水域，体形较小，身长在 5~20 厘米之间，背鳍有软鳍条，具有 6 个鳃裂。虽然各个品种的外形千差万别，但它们的内部特征基本是一样的。

Percopsis omiscomaycus
鲑鲈

体长：8.8~20 厘米
体重：无数据
保护状况：未评估
分布范围：北美洲

鲑鲈的体色会随性状态的不同而变化，从淡黄色到银色不等，甚至可以呈透明无色状。背部有一条由 10 个黑斑点组成的线条，侧线上也可见斑点。鳍片透明，脂鳍长有细细小小的棘刺。栖息于湖泊、深潟湖、小溪以及河流中，常常会搁浅在沙滩上。夜间会在湖泊的浅层区觅食，主要以鱼类、甲壳类动物、昆虫以及浮游植物为食。4 月和 8 月为产卵期，两条雄鱼和一条雌鱼共同生殖产卵，繁衍过程结束之后便会死亡。

Typhlichthys subterraneus
南方盲鮰鲈

体长：5~9 厘米
体重：无数据
保护状况：易危
分布范围：美国东南部

南方盲鮰鲈的头部又宽又长，眼睛不可见。鳞片退化为皮肤覆盖在身体上。栖息于临近密西西比河两边的地下水位洞穴的泉水处。以桡足类、端足类动物、等足类动物、昆虫以及蠕虫为食。它们可以在缺乏食物时，通过减缓新陈代谢为生。当 4—5 月水位上升的时候，它们进行产卵受精，雌鱼产卵量不超 50 枚。虽然它们的寿命只有 4 年，但是生长非常缓慢。长到性成熟需要 2 年的时间。对光线无反应。

色素
只有离开栖息地暴露于可见光的时候可见。

Chologaster cornuta
亮鲻

体长：4~6.8 厘米
体重：1.3 千克
保护状况：未评估
分布范围：北美洲东南部

典型的双色鱼体，上半部为深棕色，下半部为白色至浅黄色。头部扁平，长有橙色或黄色的斑点，眼小。鳃部为粉色，非常显眼。夜行性动物，栖息在植物生长茂密的沼泽、潟湖、水流缓慢的河流以及带有树荫的小溪中，常在植被和泥底质附近出现。它们以小鱼苗、介形类以及桡足类动物为食。3—4 月中旬为产卵期，雌鱼产卵量可达 430 枚，产卵后便会死去。

线条
身体两侧各有 3 条条纹线条。

Aphredoderus sayanus
喉肛鱼

体长：10~14 厘米
体重：无数据
保护状况：未评估
分布范围：北美洲东南部

喉肛鱼体短，头大，颌骨突出。无脂鳍，无侧线或侧线不完整，头部两侧被齿鳞覆盖。它们栖息于水流平缓且安静的区域，如沼泽、潟湖、蜿蜒中断的小溪以及回水河流中。它们在日落后出动，以昆虫、藻类、鱼类以及甲壳类动物为食。

针鱼及其相关鱼类

门：	脊索动物门
纲：	硬骨鱼纲
目：	颌针鱼目
科：	5
种：	191

本组鱼类包括针鱼、鱵鱼、飞鱼以及其他鱼类。栖息于水表面附近，以藻类、浮游植物以及其他动物（取决于动物的大小）为食。大部分为海水鱼，但有些鱼种栖居于淡水中。鱼体细长，这组鱼类中的很多成员具有长长的颚部和锋利的牙齿。

Ablennes hians
横带扁颌针鱼

体长：70~140 厘米
体重：4.8 千克
保护状况：未评估
分布范围：热带周围，温暖的海洋

横带扁颌针鱼栖息于珊瑚礁周围3米深的水域中。背部色调为深蓝色，腹部为银色。身体中间部位有黑色斑点，身体侧扁。臀鳍、背鳍以及胸鳍位于身体后部，呈直线排列，其叶瓣为镰刀形。全身长有 12~14 条竖线。眼睛非常大。

它们的身影经常以大型鱼群的形式出现在岛屿、河口、沿海河流、大沙洲附近，以小型鱼类为食。

卵生，鱼卵会通过细丝紧密地粘连在一起沉入水底。

无人问津
因为它们的肉呈绿色，不能吸引消费者，所以它们在商贸交易中很少出现。

Belonion apodion
小颌针鱼

体长：5 厘米
体重：无数据
保护状况：未评估
分布范围：南美洲亚马孙河流域

小颌针鱼生活在底中水层，是针鱼类中少数在栖居在淡水的品种。在它们黑色的大眼睛外有一圈明显的标记。背部为金黄色，腹部为银色，有一条贯穿整个体腹的黑色条纹，胸鳍为透明状。尾巴和臀鳍相对较小。卵生，鱼卵通过特殊的细丝状物质粘连在一起漂浮在水中。因为它们体形较小，所以以浮游生物、昆虫为食，有时也会摄食碎屑。

Belone belone
欧洲腭针鱼

体长：45~93 厘米
体重：1.3 千克
保护状况：未评估
分布范围：欧洲和非洲北部沿岸

欧洲腭针鱼的鱼身全部为银色，骨骼为绿色。与身体相比，颌部不长，但下颌比上颌宽。齿大，稀疏地排布在口中。它们栖息于海水水域，以及咸水水域的沿岸区域。生活于水表面，属于洄游性鱼类。以小型鱼类为食。卵生，在藻类茂盛的区域产卵。

Tylosurus choram
红海圆颌针鱼

体长：70~120 厘米
体重：1.3 千克
保护状况：未评估
分布范围：印度洋、地中海东部

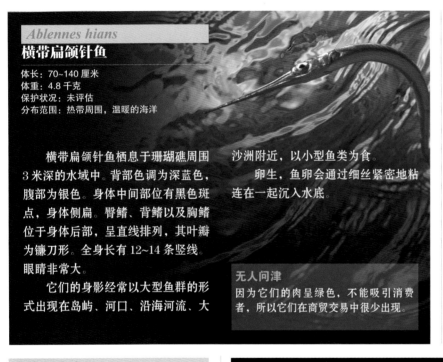

颌部
轻微向上弯曲

红海圆颌针鱼栖息于海洋的中上层，主要栖息地在红海的阿曼湾。苏伊士运河的修建扩展了它们的栖息环境，使其延伸到了地中海。

鱼体细长，全身银色，有一条深色的侧线。臀鳍和背鳍都有两个镰刀形的叶瓣。如该目的其他鱼种一样，臀鳍和背鳍位于身体后部。

卵生，用其锋利的牙齿捕食，以各式各样的小型鱼类为食。

Cheilopogon pinnatibarbatus
翼髭须唇飞鱼

体长：25~40 厘米
体重：无数据
保护状况：未评估
分布范围：印度洋和太平洋温暖水域

翼髭须唇飞鱼是现存飞鱼种类中体形较大的品种之一。体色为金属蓝，背部与腹部颜色较浅。它们的体形像缩小版的三文鱼，不一样的是它们的胸鳍较大，这也是该属

鱼类的特点。它们的胸鳍被薄膜覆盖，也被误称为翼。背鳍上长有一片特殊的黑色区域。正是在这些发达的鱼鳍的帮助下，它们可以以 40~50 千米／时的速度跳出水面。在面对敌人的捕食时，它们常常使用这项技能逃跑。它们的活动范围可至 20 米深的水域。夜间活动觅食，主要以浮游生物为食，也会摄食甲壳类动物以及无脊椎动物。经常可以在远离海岸的水面上见到它们的身影。雄鱼的数量远远多于雌鱼。

适应
像所有飞鱼类品种一样，它们的眼睛是平的，方便它们跳出水面时更好地看清环境。

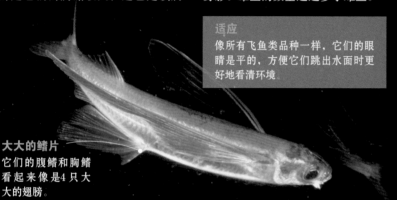

大大的鳍片
它们的腹鳍和胸鳍看起来像是 4 只大大的翅膀。

Cheilopogon melanurus
黑尾须唇飞鱼

体长：25~32 厘米
体重：无数据
保护状况：未评估
分布范围：大西洋沿岸

黑尾须唇飞鱼如其他飞鱼一样，它们的体形呈圆柱形，尾巴很长。大大的胸鳍和尾鳍可以推动它们跃出水面，跳跃长度可达 25~32 厘米，速度很快，每小时可达 30 千米，可以"飞行" 12 米。背部为绿色，腹部发白或呈银色。它们栖息于浅海的上层水域，经常出现在沿岸附近的水面上。卵生，6 月和 8 月为其产卵期。

Hirundichthys oxycephalus
尖头细身飞鱼

体长：18 厘米
体重：无数据
保护状况：未评估
分布范围：印度洋和西太平洋温暖水域

尖头细身飞鱼的身影出现在不超过 20 米深的水域中，栖息于浅海的上层。颌部很短，发达的牙齿在口中整齐地排成一排。它们的鳃部也非常发达。鱼体的背部为深蓝色，下部颜色偏浅，呈白色。胸鳍为黑色，带有一条深色的横带。它们会在水面摄食。

Hirundichthys speculiger
细身飞鱼

体长：30 厘米
体重：无数据
保护状况：未评估
分布范围：全球性，世界温带温暖水域

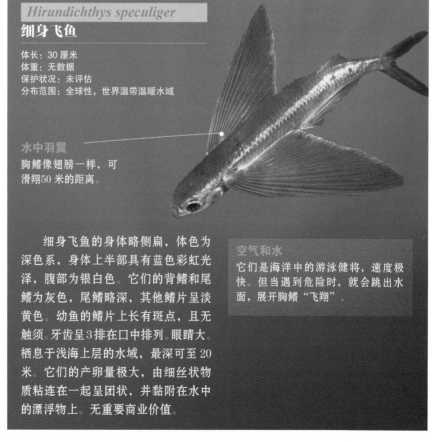

水中羽翼
胸鳍像翅膀一样，可滑翔 50 米的距离。

细身飞鱼的身体略侧扁，体色为深色系，身体上半部具有蓝色彩虹光泽，腹部为银白色。它们的背鳍和尾鳍为灰色，尾鳍略深，其他鳍片呈淡黄色。幼鱼的鳍片上长有斑点，且无触须。牙齿呈 3 排在口中排列。眼睛大。栖息于浅海上层的水域，最深可至 20 米。它们的产卵量极大，由细丝状物质粘连在一起呈团状，并黏附在水中的漂浮物上。无重要商业价值。

空气和水
它们是海洋中的游泳健将，速度极快。但当遇到危险时，就会跳出水面，展开胸鳍"飞翔"。

Xenentodon cancila
异齿颌针鱼

体长：30~40 厘米
体重：无数据
保护状况：无危
分布范围：东南亚、印度和斯里兰卡

异齿颌针鱼属于浅海上层鱼类，栖息于咸水和淡水水域，最常见于河流中，但也有些栖息于潟湖、运河以及其他内陆水域。鱼体细长，侧扁。背部为银绿色，至腹部渐成白色。成鱼的胸鳍和臀鳍上长有 4~5 个深色斑点，边缘也呈深色。下颌比上颌略长。

它们以甲壳类动物、其他鱼类以及青蛙为食。它们通常处于潜伏状态，等到猎物出现时，快速出击。

卵生，雌鱼将卵产在底层，产卵数量在 12 枚左右。产卵后，雌鱼和雄鱼均不负责照顾它们，受精卵一般 1 周左右孵出。

危险

它们长有一张阔口，可以以极快的速度捕食比自己体形大的鱼类。有资料记载，它们曾用牙齿咬伤过人类。

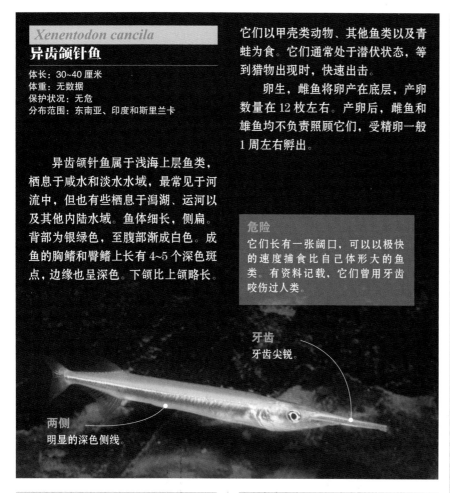

牙齿
牙齿尖锐。

两侧
明显的深色侧线。

Nomorhamphus liemi
利氏正鱵

体长：6~10 厘米
体重：无数据
保护状况：未评估
分布范围：印度尼西亚南苏拉威西

利氏正鱵栖息于水流湍急的浅水水域。雌鱼的体形远大于雄鱼。像此属的其他鱼种一样，胎生，体内受精。雄鱼具有一个特殊的备用鳍用于交配。它们一次性产下的幼鱼不超过 20 条，而且出生时体形就相对偏大。雄鱼的体色比雌鱼鲜艳。主要以飞虫为食，吻短，且向下弯曲，看起来像长着胡须。鱼体的颜色丰富多彩。

Hemiramphus far
斑鱵

体长：30~45 厘米
体重：无数据
保护状况：未评估
分布范围：温暖的海洋，尤其是亚洲东部和东南部

斑鱵的下颌远长于上颌，背部为蓝色，两侧呈银色，并带有 3~9 条竖条纹，这一特性是该种鱼类共有的。它们以鱼群的形式出现，在沿岸水生植被附近活跃，以海草、海藻以及硅藻为食。因为在商贸中对它们的需求没有其他鱼种大，所以还没有受到频繁捕捞。在河口水域产卵。

Dermogenys pusilla
皮颏鱵

体长：5~7 厘米
体重：无数据
保护状况：未评估
分布范围：东南亚

皮颏鱵栖息于浅水沿岸平静的咸水水域和淡水水域。鱼体薄且细长，略侧扁。通常体色为褐色，两侧呈绿色，鳍片为红色或黄色。下颌明显突出，并可移动。上颌与头骨相连，可联动。尾鳍总体呈椭圆形，前背鳍与腹鳍呈一条直线，后背鳍与臀鳍并排。它们在水面捕食，以昆虫、小型甲壳类动物以及蠕虫为食。

属于胎生鱼类，体内受精。孕期时间会根据温度的不同而变化，温度越低，时间越长。

Hyporhamphus dussumieri
杜氏下鱵鱼

体长：19~38 厘米
体重：无数据
保护状况：未评估
分布范围：东南亚

杜氏下鱵鱼活跃于岛屿、珊瑚礁以及沿海潟湖附近，尤其是在东南亚、澳大利亚以及附近的群岛地区。它们上颌短，呈三角形，鳞片极为明显，尾巴呈楔形，其下瓣略长于上瓣。鱼体为银色，背部颜色较深，腹部较浅。它们是无害的，是潜水区域中的常客。

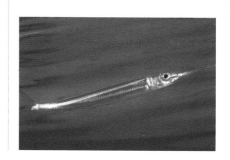

季节性鱼

门：脊索动物门	
纲：硬骨鱼纲	
目：鳉形目	
科：8	
属：807	
种：1118	

季节性鱼栖息于水生环境，在干旱的季节，它们需要寻找其他地方栖息。此类鱼中有一大部分是胎生鱼类，还有一些是卵生以及卵胎生鱼类。它们具有鳍脚或生殖器官，既可以进行体外受精，也可以进行体内受精。具有性别二态性，雄鱼的体色通常非常艳丽诱人，因此，它们也是重要的观赏鱼类之一。

Fundulopanchax gardneri
蓝彩鳉

体长：6.5厘米
体重：无数据
保护状况：近危
分布范围：非洲

蓝彩鳉色彩艳丽，鱼体上长有五颜六色的斑点。在自然界中，虽然它们的体色各不相同，但基因上都同属于一类物种，可自由杂交。它们具有性别二态性，在雄鱼的眶后骨处有3条红色斜线，雌鱼的体形与雄鱼相似，只是尾巴上有许多竖线条。栖息于非洲内陆水域和热带水域中，比如潮湿的热带草原及高海拔的热带丛林中的小溪和沼泽。它们属于底中层鱼类，不进行洄游。卵生，鱼卵孵化时间较长。它们五彩斑斓的体色非常引人注目。

生殖繁衍
像其他旗鳉属、底鳉属以及溪鳉属一样，它们也将鱼卵随意地产在水中。

Fundulopanchax sjostedti
斯氏底鳉鳉

体长：13厘米
体重：无数据
保护状况：无危
分布范围：非洲

斯氏底鳉鳉栖息于淡水底中水层，非季节性鱼类。尾鳍的下半部为橙色或红色，上半部长满了斑点或条纹。它们当中的大部分都长有一个下半部呈蓝白色的尾鳍。雄鱼的体色多种多样，雌鱼身体呈浅粉色。产卵时，鱼卵被产在底层。

Austrolebias alexandri
亚历山大澳小鳉

体长：9厘米
体重：无数据
保护状况：未评估
分布范围：南美洲

亚历山大澳小鳉的鱼体呈鱼雷形，侧扁。雄鱼体色为蓝绿色，并带有黑色的纵向细线，鳍不成对，上面长有许多小斑点。雌鱼像所有澳小鳉属鱼类一样，体色为褐色并带有深色斑点。虽然它们是同种鱼类，但个体差异非常大。一年产一次卵，雌鱼在接受雄鱼的求偶后，会将产下的卵埋在底层，雄鱼也会将精子埋进去。需要2~3个月的时间，小鱼苗才能被孵化出来。

Aphyosemion bivittatum
橘尾提琴鳉

体长：6厘米
体重：无数据
保护状况：易危
分布范围：非洲

背鳍
又细又长，根部为橙色。

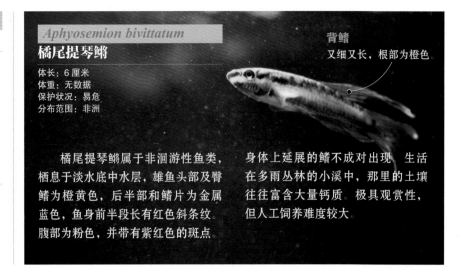

橘尾提琴鳉属于非洄游性鱼类，栖息于淡水底中水层，雄鱼头部及臀鳍为橙黄色，后半部和鳍片为金属蓝色，鱼身前半段长有红色斜条纹，腹部为粉色，并带有紫红色的斑点。

身体上延展的鳍不成对出现。生活在多雨丛林的小溪中，那里的土壤往往富含大量钙质。极具观赏性，但人工饲养难度较大。

Aplocheilus lineatus
黄金鳉

体长：10 厘米
体重：无数据
保护状况：无危
分布范围：亚洲

　　黄金鳉体色为黄绿色，身体两侧、尾巴以及不对称的鳍片上都有红色的亮点。雌鱼没有雄鱼那样艳丽的红色和绿色，身体中部至尾部长有非常醒目的深色竖纹。在水族馆中可见各式各样的种类。栖息于淡水底中水层，在高海拔的河流与水库、平原的河川与水井、低地稻田及沼泽中均可看到它们的身影。属于非洄游性鱼类，经常被用来控制蚊虫的数量。卵生，卵子大小在 1.5~2 毫米之间，大约 4 个月可达性成熟。极具观赏性，人工喂养简单。

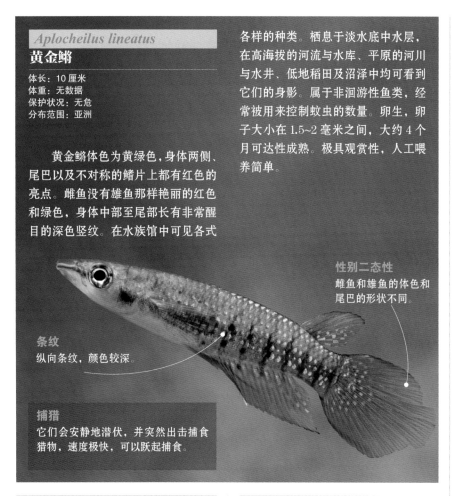

条纹
纵向条纹，颜色较深。

性别二态性
雌鱼和雄鱼的体色和尾巴的形状不同。

捕猎
它们会安静地潜伏，并突然出击捕食猎物，速度极快，可以跃起捕食。

Nothobranchius guentheri
贡氏假鳃鳉

体长：6.3 厘米
体重：无数据
保护状况：无危
分布范围：非洲

　　贡氏假鳃鳉具有性别二态性，雄鱼体色更为艳丽，体形较大。栖息于季节性的小池塘、沼泽、运河以及小溪中。一年产一次卵，雄鱼用自己的鳍帮助雌鱼产卵，雌鱼将卵产在水体底层。在季节干旱时，它们待在底层维持生命。鱼卵在雨季开始时被孵出（3~4 个月后）。小鱼苗成长得很快，几个星期就可达性成熟。它们经常在疟疾多发地区被用来控制蚊虫。

Allotoca maculata
斑异育鳉

体长：7.5 厘米
体重：无数据
保护状况：极危
分布范围：中美洲（墨西哥）

　　斑异育鳉的体形小，背鳍和臀鳍位置偏后。背部略高于臀部。它们具有横向的鳞片，颌部无孔。雄鱼的背鳍和臀鳍近似圆形，略高。雌鱼有 3~6 个金属蓝色的横向斑点，而雄鱼体侧有许多横向的深色小斑点。栖息于淡水流域，非洄游性。

Austrolebias bellottii
阿根廷澳小鳉

体长：7 厘米
体重：无数据
保护状况：未评估
分布范围：阿根廷、巴拉圭以及乌拉圭

　　阿根廷澳小鳉根据性别的不同，体色也各不相同，雄鱼体色为蓝绿色，带有蓝色的斑点；雌鱼体色为灰色，带有深色斑点。它们体形侧扁，背鳍和臀鳍末端钝化。栖息于淡水底中层水域，非洄游性。它们属于季节性鱼类，夏天旱季时，成鱼便会死亡，但它们的鱼卵会在底层存活，直到冬天过后下一个雨季到来才会被孵化。以蠕虫、甲壳类动物以及昆虫为食。它们将卵产在水体的底部（湖泊、池塘等）。孵化时间长为 4 个月。可以与其他鱼类和平相处，但是雄鱼除外。极具观赏性。

Trigonectes balzanii
巴氏三角溪鳉

体长：16 厘米
体重：无数据
保护状况：未评估
分布范围：南美洲

　　巴氏三角溪鳉属于淡水非洄游性鱼类，栖息于底中水层。嘴呈一条裂缝状，且弯曲，眼睛小，头大。卵生，孵化期长，为 5~7 个月。在干旱季节它们保持卵状，不发育，等到夏季第一场雨到来时，便开始孵化，小鱼苗们会用尾巴敲打卵壳，直至破卵而出，之后在底层慢慢游动。

Poecilia reticulata

孔雀鱼

体长：6 厘米
体重：无数据
保护状况：未评估
分布范围：南美北部，被多国引进

孵化
激烈的基因选择造就了它们多样的形态和体色。

孔雀鱼具有多态性、好饲养、易接近等特点，这使它们成了水族馆中的明星鱼类。

栖息

栖息于河流、湖泊以及其他平缓的淡水水域，主要在热带地区。它们可以在低氧环境中存活，而且还可以在水面呼吸空气。栖息温度为 16~30 摄氏度。

选择

孔雀鱼的体色五彩缤纷，身上的斑点也形状各异，斑点位置及反射出的色泽也各不相同，因此无法找到两只完全相同的个体。这种多样性是由鱼类爱好者以及专业的喂养人员经过多年的筛选形成的，所以野生的品种体色也并不是非常艳丽迷人。

多产
由于雌鱼具有储存精子的能力，因此它们可以在一次交配后连产4次卵。

逃生或繁衍

每个群体都根据自身的不同需求，形成了种类繁多的体色和图案——有的是为了吸引异性，有的是为了躲避天敌。非常显眼的个体容易受到攻击，而那些过于小心谨慎的个体又很难找到配偶。雌鱼们偏爱色泽艳丽的雄鱼，对它们的身体和尾巴大小、斑点的数量、亮度、黑色区域面积以及色彩对比度都有要求。此外，年长的雌鱼们会更喜欢选择那些在求偶过程中较为活跃的雄鱼。

40-70
一窝小鱼苗的数量有40~70条。

口部
属于杂食性鱼类，由于它们的口向上，因此大部分食物摄取自水面。

多样性
在野外生存的它们体色多为灰色。经过选育后，颜色变得多种多样，体形也各不相同。

择偶与捕食

在繁殖期，雄鱼们在繁殖场所组队在雌鱼面前尽情地表现自己，尾部展开好似"孔雀开屏"，用斑斓的色彩来吸引雌鱼。雄鱼们向雌鱼求偶示爱的时候，一边积极地游动，一边扇动自己的鳍。由于这种煽情的表现会引起捕食者的注意，因此它们必须为此承担风险。这些鱼群需要承受巨大的被捕食的压力，因为它们的天敌可能随时出现在繁殖场所打断求偶和交配的过程。

隐藏
在强敌环伺下生存的鱼类，体形往往偏小，斑点和体色为红色和黑色。在粗沙砾石底环境中生活的鱼身上的斑点通常偏大，在细沙砾石底环境中生活的鱼身上的斑点则偏小。在没有捕食者出没的区域生活的鱼，身上通常不长斑点。

不醒目

易于发现
求偶选择的需求提高了鱼身颜色和图案的丰富性，在细沙底层中，它们身上的斑点形状较大，但在粗沙砾底层中，它们身上的斑点较小，所以在发育中出现了不同的形状。

醒目诱人

性别二态性

　　孔雀鱼具有性别二态性的特征。雄鱼身形优美，体色多变。雌鱼体形较大，鳍小，体色略暗，以灰色为主色调，产崽前两周，腹部明显凸起。

雌鱼

雄鱼

背鳍
由于水族馆的选育，雄鱼背鳍的身体比例可增大，色彩也可增多。

鳍脚
臀鳍的前鳍棘转化成为生殖器官，可以进行体内受精。

尾巴
雄鱼的尾鳍色泽艳丽，基本形状为三角形

一些商业品种的雌鱼的体长为70毫米。

尾巴的多元化

　　此种鱼类极易杂交，全球各地都有许多不同尾鳍的变种。

扇形
尾鳍细长且呈扇形，所以它们的泳姿极具特色。

三角形
尾鳍像一个等边三角形。

双刃剑
很有市场的品种，尾鳍向两边延展。

单刃剑
尾鳍上端的鳍棘向后延展。

铲形
尾鳍呈方形，此种形状并不常见。

尖尾
从尾鳍中部开始逐渐变细，末端呈锥形。

圆尾
尾鳍的直径可达鱼身的一半。

Gambusia affinis
食蚊鱼

体长：7厘米
体重：无数据
保护状况：未评估
分布范围：北美洲和中美洲

食蚊鱼的体形较小，身材健壮。背鳍上长有7根鳍棘，雄鱼的臀鳍转化为生殖器官和鳍脚。背部和侧腹为绿色、褐色或灰色，腹部发白。也有全身均为黑色的品种。它们在淡水和咸水水域生活，栖息于小溪、河口、湖泊、池塘以及一些死水河流中，也可以在低氧环境、高盐度以及被污染的水域中生存。

以浮游动物、昆虫以及碎屑为食。一条雌鱼一天可以摄食将近300只小鱼苗。

它们已被广泛地引入了全球各地，这造成了它们与当地物种之间的竞争，已经被视为生态入侵者。体内受精，雌鱼产卵量较多。经过21~28天的孕育期，产出小鱼苗，在此期间，雌鱼臀鳍上会出现黑色斑点。

尾巴
呈扇形，圆而宽。

杂食性与投机主义
以小型无脊椎动物以及小型鱼类为食，有时也会摄食藻类和硅藻。

生殖繁衍
雌鱼体内可以保存精子，以便进行多次受精。

差异
雌鱼体形明显大于雄鱼，臀鳍上无生殖器官（鳍脚）。

口
位于头部前端，便于在水面上捕食蚊虫以及小鱼苗。

Gambusia holbrooki
东部食蚊鱼

体长：8厘米
体重：无数据
保护状况：未评估
分布范围：北美洲

东部食蚊鱼鱼体呈纺锤形，被圆形鳞片覆盖。头宽且扁平，口向上，并长满了尖锐的牙齿。它们只有1个背鳍，位置偏后，靠近臀鳍，尾鳍不分叉。在体形以及臀鳍的形态上表现出明显的性别二态性。属于非洄游性鱼类，栖息在淡水水域，如河流、湖泊、潟湖、池塘以及人工饲养的环境中。

Poecilia latipinna
茉莉花鳉

体长：长至15厘米
体重：无数据
保护状况：未评估
分布范围：南美洲

适应
头部扁平，嘴部构造非常便于它们在水面上呼吸氧气。

背鳍
雄鱼将其伸展进行求偶。

茉莉花鳉栖息于淡水或咸水水域底中水层的非洄游性鱼类。存在性别二态性：雄鱼的背鳍较大，雌鱼的背鳍小而圆。头小，两侧以浅灰色至绿色过渡，腹部颜色较浅。身体侧扁，两侧有5排斑点或条纹。产卵期时，雄鱼的体色会变为五彩橙色，尤其是尾部的色泽更加艳丽。性成熟的雌鱼较雄鱼强壮，特别是当它们怀孕的时候。它们可以在高盐度环境、污染水域或是低氧的水中生存。一般生活在植物密集的浅水河口、潟湖以及运河中。以藻类和无脊椎动物为食，如蚊虫的幼虫。

Poecilia velifera
帆鳍花鳉

体长：15 厘米
体重：45~70 克
保护状况：未评估
分布范围：中美洲

背鳍
背鳍十分发达，它们的学名和俗称都由此而来

帆鳍花鳉属于栖息于淡水或咸水水域底中水层的非洄游性鱼类。雄鱼的背鳍非常发达。头部呈楔形，身体修长。雄鱼的体色比雌鱼艳丽，背部长有长短不等的鲜明绿色、蓝色斑点。身体前半部和头部为橙绿色，并泛有蓝色的金属光泽。有 15~19 条背线。尾巴近似圆形。一只雄鱼可以和 2~3 条雌鱼配对。属于胎生鱼类，体内受精，雌鱼可产 10~120 只小鱼。它们没有特定的繁殖季节，一年中可多次生产。

宠物鱼
靓丽的外形以及良好的适应能力让它们成为市场上非常有商业价值的鱼类。

Poecilia sphenops
黑花鳉

体长：6 厘米
体重：无数据
保护状况：未评估
分布范围：中、南美洲

黑花鳉属于栖息于底中水层的淡水非洄游性鱼类。雄鱼身形修长，鱼鳍比雌鱼发达，腹部较圆。雄鱼达到性成熟后，它们的臀鳍会变成一个叫鳍脚的结构，用于交配。它们以无脊椎动物，如甲壳类动物和昆虫以及植物为食。黑色品种是众多品种中最受水族馆欢迎的品种之一。

Jenynsia multidentata
多齿任氏鳉

体长：6 厘米
体重：无数据
保护状况：未评估
分布范围：中、南美洲

多齿任氏鳉属于栖息于中低水层的淡水非洄游性鱼类。背鳍有 8~9 根软鳍条，臀鳍有 10 根。体色为灰绿色，两侧有 5~7 条纵向深色的虚线。雄鱼身形修长，体形比雌鱼小。雌鱼与雄鱼体色相近。鱼鳍无色。

在水量大的季节（雨季），它们的数量就会增加，由于种群数量的膨胀，多齿任氏鳉便成了博纳里牙汉鱼（Odontesthes bonariensis）唯一的食物来源。它们有两次繁殖高峰，第一组群的雌鱼（12 月至次年 3 月出生）冬末春初时进行生育，第二组群的雌鱼（9—11 月出生）在夏秋季（12 月至次年 5 月）生育。雌鱼的体形越长，拥有的胚胎数量就会越多。

Anableps anableps
四眼鱼

体长：长至 13 厘米
体重：无数据
保护状况：未评估
分布范围：南美洲

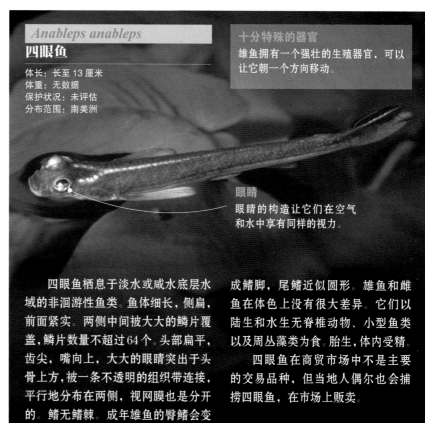

十分特殊的器官
雄鱼拥有一个强壮的生殖器官，可以让它朝一个方向移动。

眼睛
眼睛的构造让它们在空气和水中享有同样的视力。

四眼鱼栖息于淡水或咸水底层水域的非洄游性鱼类。鱼体细长，侧扁，前面紧实。两侧中间被大大的鳞片覆盖，鳞片数量不超过 64 个。头部扁平，齿尖，嘴向上，大大的眼睛突出于头骨上方，被一条不透明的组织带连接，平行地分布在两侧，视网膜也是分开的。鳍无鳍棘。成年雄鱼的臀鳍会变成鳍脚，尾鳍近似圆形。雄鱼和雌鱼在体色上没有很大差异。它们以陆生和水生无脊椎动物、小型鱼类以及周丛藻类为食。胎生，体内受精。

四眼鱼在商贸市场中不是主要的交易品种，但当地人偶尔也会捕捞四眼鱼，在市场上贩卖。

图书在版编目（CIP）数据

国家地理动物百科全书. 鱼类. 硬骨鱼·辐鳍鱼 / 西班牙 Sol90 出版公司著；马韶仪译 . -- 太原：山西人民出版社 , 2023.3

ISBN 978-7-203-12489-4

Ⅰ . ①国… Ⅱ . ①西… ②马… Ⅲ . ①鱼类—青少年读物 Ⅳ . ① Q95-49

中国版本图书馆 CIP 数据核字 (2022) 第 244672 号

著作权合同登记图字：04-2019-002

国家地理动物百科全书. 鱼类. 硬骨鱼·辐鳍鱼

著　　者：西班牙 Sol90 出版公司
译　　者：马韶仪
责任编辑：孙　琳
复　　审：崔人杰
终　　审：梁晋华
装帧设计：吕宜昌

出 版 者：山西出版传媒集团·山西人民出版社
地　　址：太原市建设南路 21 号
邮　　编：030012
发行营销：0351-4922220　4955996　4956039　4922127（传真）
天猫官网：https://sxrmcbs.tmall.com　电话：0351-4922159
E-mail：sxskcb@163.com 发行部
　　　　　sxskcb@126.com 总编室
网　　址：www.sxskcb.com

经 销 者：山西出版传媒集团·山西人民出版社
承 印 厂：北京永诚印刷有限公司

开　　本：889mm×1194mm　1/16
印　　张：5
字　　数：217 千字
版　　次：2023 年 3 月　第 1 版
印　　次：2023 年 3 月　第 1 次印刷
书　　号：ISBN 978-7-203-12489-4
定　　价：42.00 元